這個年代如果您不知道甚麼是「樓本位」，恐怕「機會」會與您擦身而過
香港「樓本位」、經濟及政治因素間接觸發香港世代移民潮

香港樓本位 X 世代移民潮

Tony Choi、Johnny Fok 及 芒向編輯部主持 聯合編著

目錄

序言 1

Johnny Fok

（網台節目「升旗易得道」創辦人之一）

大約六、七年前，因聽到立法會辯論的影片，而開始接觸
網台，當初只不過是站在聽眾的角度講時事、政治。那時
候，香港的網台還不算多種類，主要還是環繞著政治，不
然就是關於UFO、外星人及神秘學等話題。

直至幾年前，因為一場雨傘運動而有所改變。

當時的我，自覺除了可以幫示威人士當義務律師，並無其

他可以幫忙的事。就在那時，決定不單止只是參與社會運動，更要踏上做網台主持的路，不再只是充當聽眾，要勇於發聲，指出錯誤和荒謬。而那個網台節目就是《升旗易得道》的前身：《炮打司令台》。

經歷過2014年的「雨傘運動」，大家對於香港民主進程感到失望，在短期內都不會見到轉機。許多人由失望，慢慢演變為一種極端的情緒、甚至極端的政治立場，例如有一些所謂本土派極度仇視國內人，而這種情緒已完全凌駕了原本對於民主自由的渴求，慢慢走上了一種以仇恨作動能的力量。我們必須指出，這是錯誤的。我們一眾主持們並不屬於這類人物，參與政治的出發點理應簡單：希望社會有進步，可以變得更好，關心一般人民的利益。辦網台、做網台節目是一種工作，要做到出於關心社會，而並非因政治立場、意識形態（Ideology）之爭而歪曲事實。遇見有

任何錯誤的事，理應發聲。

須知道，大多主流媒體都受到其立場限制，背後的商家總
會有自己的既定「議程」（Agenda）。而網台的限制較少，
可以讓普通人有渠道發聲。見到有不公及有問題的情況出
現時，可以在網台上直斥其非。另外，這樣跟寫文章又不
一樣，無需要有報章或專欄的空間，就可以隨心所欲地表
達個人意見，重要的是一定要做到客觀持平而又能把自己
的價值觀和看法結合時事向觀眾提出。我相信，正確的事
和價值觀是能傳遞到大眾的！

序言2

Tony Choi

（網台節目「升旗易得道」創辦人之一）

在2014年初，在機緣巧合之下，被一個網台主持邀請當嘉賓，最後由客串變成主持。當時的政治味極為濃厚，想法比較偏激（其實現在仍是「反思之後的激進派」）。正如節目拍檔Johnny所述，「雨傘運動」之後，大部份曾參與的人都會跳進本土派或較極端的激進派圈子，甚至有人會變成建制派亦不足為奇。由極左變成極右，或是由極右變成極左。在社會上打滾得久了，我們知道這些人所打著的口號，沒有可能成功騙過所有人，謊言和口號只是等待被人

揭穿而已。

經過一路上的反思，開始在2016年構思：與其陷入無止境的政治爭辯，倒不如另外開設一個新網台節目，從一個生意、一個民生、一般不理會政治的沉默香港人、處於中性的角度思考社會問題。

及至本書出版之日，我們的努力尚算成功，節目算是發揮到一定的影響力。在芸芸網台之中，討論的話題算是較多元化的一個，甚至偏向經濟及民生。

為什麼這樣說呢？一般網台只會純粹講政治、講國家大事，甚少會談及民生及經濟層面。例如金融台只會討論炒股，主要是講股票市場的經濟，是從股票投資的角度出發。而我們是屬於綜合性，不單只是討論股票，更會提

及到投資房地產、債券、加密貨幣等議題，一些屬於實體經濟的事物。正因為，我們在社會上接觸較多不同行業的人，了解到市場上的消費及習慣。例如：車位價格上漲，證明經濟變好，市民有閒錢買車養車。

從大家每天接觸到的事物，探討生活的議題，始終大眾最關切的，除了政治問題之外，就是香港地產霸權問題。

還記得大家在2011年反地產霸權，社會意識形態全部集中在此。後來演變成激烈的政治及口號，再也沒有提及過地產霸權的事。這並不代表問題已解決，霸權問題依然還在。香港的堅尼系數接近全球最高。香港因為地少人多的關係，在一個彈丸之地容納超過700萬人口，導致土地價格昂貴，衍生更多社會問題。不單止地貴，更是壟斷土地資源的人形成霸權，再利用他們的影響力取得更多的利

益，不斷壓搾市民大眾，這個才是真正的社會問題。這個正正就是我們不斷探討的議題。

香港地產商除了經營地產之外，更直接或間接擁有巴士公司、電訊公司、保險公司，超級市場、百貨零售，飲食娛樂，或是入股某些金融機構、主流傳媒等，基本上在各行各業，衣食住行每一方面都會見到地產商的影子。市民的收入間接通過地產商而繳交地產稅。

全世界最貴地產稅的地方，就是香港。所以我們主張香港政府應還富於民！

香港市民表面上稅率低，實質上是香港政府並沒有什麼福利回饋，並不像外國，雖然稅率高但福利好。現時在香港租一個劏房單位至少要6至9千元。假設一家四口，父母

都要出外工作賺錢，加上工時長，導致小朋友沒有人管教，就會引伸其他社會問題。

當中有好有壞，從生意角度分析，每件事從生意人計算利益的角度出發，就會看得清他們的盤算是如何，包括政府亦一樣。有時，從一般人角度出發會覺得整件事並不合理，但換轉另一角度，從利益角度出發，便會一目了然，原來背後的邏輯是這樣的。而我們就是負責講解這些原因。

坦白說，主流傳媒並不希望我們這把聲音出現，因為我們不斷踢爆社會上不公平的現象，例如地產霸權及政府壓搾市民的目的及手段，全部都有根有據。主流傳媒的收入，大部份都倚賴地產商及集團旗下的廣告支持，都會保護自己的利益，所以報導內容方面太多限制。至於網媒方面，

多是講政治的媒體，只會提倡一種口號或者是他們理想的概念，根本就與現實脫離。好多時傳媒或者社會大眾，對著一些誤解的議題，從來都並不會求真，令誤解延續，亦即是我們所講的「都市傳說」。

我們一眾主持們有不同立場，甚至有時是南轅北轍，但正因如此才可以更宏觀地思考問題。

一句到尾，我們只是把真相講出，想香港進步，這就是我們的目標。

序言 3

Raymond Wong

（網媒「芒向報」及網台節目「芒向編輯部」社長）

網台節目芒向編輯部乃由面書專頁芒向報轉化而成，芒向報開頁者乃Raymond Wong 的好友，該好友於2015年底已不問世事，遂將專頁託付給管理團隊。現管理團隊經Tony Choi在編輯群組內的多番鼓勵，將專頁轉化成網台節目。節目由身處世界各地的編輯一同錄製，乃是香港網台界唯一的多地資訊分享、時政討論形式的網台節目。有別於政治宣傳式的網台節目，芒向編輯部的編輯沒有共同的政治立場，對世界經濟、政治的看法也是多元性的。編

輯們希望至少在節目和專頁都能體現出對言論自由和不同立場人士的基本尊重。

Raymond Wong 王瑞民（化名），紐籍華人，十四歲隨家人移民紐西蘭奧克蘭。那時移民的原因是建基於家庭的反共立場，或者算是對共產黨的恐懼，八九民運時，家父曾發表支持民主的言論並上了電視，我們家庭像那時的香港人一樣，雖然家中祖輩的親人不少在49年後受到批鬥至非正常死亡，但是對中共的恐懼也因鄧小平的改革開放政策而減低了不少。六四事件後，中國政情的反覆卻令家父感到莫名的恐懼，原來共產黨始終沒有改變其暴虐的本質。其實，當時家裡沒有移民的條件，由於恐共，終究要放棄香港的一切。移民後，家人仍密切注意香港時事，商業電台的節目在家中長時間播著，小弟亦被黃毓民（現稱芒果佬）的犀利言辭所吸引，不自覺地被他洗了腦。家父那時

已警告小弟，芒果佬食的是四方飯，是絕不可信的投機份子。當時的小弟當然聽不進去，後來 2003 年鄭經翰和芒果佬被封咪，而我也忙著應付紐西蘭政府的工作，那時發生的一些事就沒有仔細理會。到了 2004 年底，我全職工作兼讀碩士的生涯隨著我碩士課程畢業完結，多出了一些空閒時間，就發現網上有人搞了個香港人民廣播電台，主打的節目是由蕭若元先生主持的風蕭蕭，每周四晚播出，由於時差關係，我是週六才下載收聽。

2006 年，芒果佬加盟社民連，人民台的蕭若元不時為芒果佬和長毛背書，那時的人民台已經是是非不斷，互「鬥小」聲音不絕，這促成了芒果佬和蕭若元在 2007 年成立了 MyRadio，當時 MyRadio 是星期一至五都有節目，以可聽性而言，蕭若元的節目是比芒果佬及其他節目好。當時我的感覺是，芒果佬的節目是純粹的政治宣傳，蕭若元的節

目內容是比較多元化。到後來2013年圖窮匕現，芒果佬成為政治暴力的煽動者，小弟順理成章亦加入了反芒果佬的群組（那時候小弟亦移居澳洲，空閒時間較多）。在群組裡，經Tony Choi介紹，我有緣遇上其他志同道合的網友，亦由此成為芒向報和芒向編輯部的一份子。

2014年的佔領中環運動時，我曾有過一絲希望這次運動會為香港帶來真普選。但是，當我見到芒果佬、汪陽德及其他本土派份子參與其中，不斷將這次運動由運動戰變成持久戰時，我已認為這次運動一定會以失敗告終。因為面對這些持久佔領式的示威，所有政府都是用「拖字訣」去破解。一般市民是沒有可能長時間在街上佔領，也沒有能力與擁有武力優勢的政府抗衡。政府只要利用一些人士，將運動的走向變成漫無目的、無定向的阻礙市民的日常生活（即芒系人馬一直主張的所謂「升級」），政府寸步不讓就足

以令運動失敗。

根據我多年觀察香港社運界的經驗，現時香港的社運界已是去蕪存菁，剩下的都是清一色的騙子，稍有理想的人，都已離社運而去。只因現在社運界的KOL都是背景不清白，和地產商及建制幕後操盤手有千絲萬縷關係的自私自利之輩，而真正有承擔、理想的人士可能只限於剛被騙入局的年青人。

2016年，就連長毛都退化到意圖去參與小圈子選舉並且帶頭和「民主300＋」對著幹，呼籲選委們在特首選舉時投白票。那屆是薯片叔對林鄭，也是休養生息與永續抗爭的對決，對於他的誤判，有很大程度上可能是基於他的消息來源，誤信中央欽點薯片叔。但當時，我建制派的友人一早已經告知中央欽點的是林鄭，而且已經「撤晒掣」，我亦從

多位鄉下佬口中停到薯片叔經常冶遊、酗酒的惡意抹黑。這事突顯出香港社運界多是閉門造車之輩，他們對自己圈內的大小是非、雞毛蒜皮的事都能如數家珍，但對於一般人都能接收到的資訊卻是一無所知，或者是嗤之以鼻。由這類人士為香港人爭取民主，民主運動哪有不失敗的可能？

2018年，香港民主派被一班社運背景的人士劫持上了永續抗爭的戰車，這不單是民主運動的悲哀，也是香港市民的不幸。

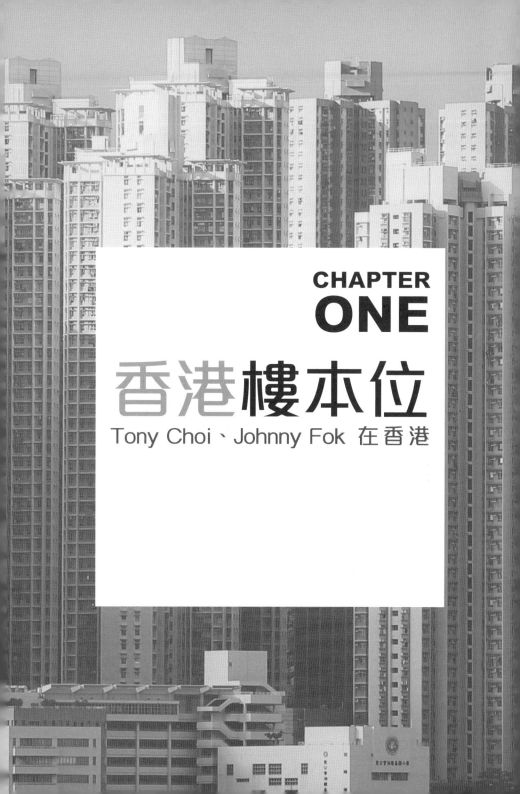

CHAPTER
ONE

香港樓本位

Tony Choi、Johnny Fok 在香港

1.1 「樓本位」的概念

先為「樓本位」這個概念作個簡單解釋。到底這是一個什麼概念。樓本位的概念其實是類似上世紀所採用的「金本位」，例如美國也曾採用過。

中國自明朝開始採用「銀本位」，大概採用了好幾百年，那為什麼我會提出樓本位這個概念呢？因為當初我在節目提出這個概念的時候，有很多人都有提出質疑：「樓」怎能做本位呢？

我的意思是指樓本位的那個「地位」與貨幣的「地位」互換，市民不再用金錢來衡量物

業價格，而是用物業的價格來衡量金錢的購買力！銀紙越來越薄，原因就是貨幣經過QE（即美國的量化寬鬆Quantitative Easing），造成無限的貨幣追逐有限的物業這種情況出現。而經歷2008年金融海嘯，香港人根本不再相信債券，亦不相信銀行的金融產品，對股票更加沒有信心，最後只相信磚頭！就以香港而言，那為什麼不會是其他物品設為「本位」呢？這個就可以追溯於樓本位的形成，最主要是由2008年金融海嘯，但我個人認為如果講樓本位就不能從金融海嘯開始講起，反而應該從90年代的香港經濟環境開始講起，因為那時才有雛形形成，經過十多年慢慢的發展，其實當時候香港都沒有具備完全走進樓本位的概念，直至金融海嘯才把它的地位鞏固，因緣際會地與樓本位接軌。

那麼我先說說為什麼90年代初的時候，香港銀行取態，基本上任何企業去申請貸款，已經不再看你生意上的營運，而只會問你有沒有「磚頭」（即物業資產）抵押？

那時候開始只要有磚頭便可以申請銀行貸款，沒有磚頭基本上是不行，即是銀行方面必定會問你是否擁有物業。在外國的銀行是不會如此偏重物業的。若是做生意申請貸款，銀行會審核你整盤生意的營運和現金流等等，再計算利息比率，有前景的生意通常能夠借到錢。但香港就什麼都不用看，不論你說到自己的生意天花龍鳳什麼也好，只要你有磚頭便可貸款，就算你是生意人都會要求你先買物業，然後再將物業加按給銀行。

銀行界是很矛盾的，如果你有錢，銀行會希望你購買投資理財產品。如果你有物業，就會希望你利用物業抵押去借

錢。有個電台「名嘴」鄭大班説過，銀行是在晴天的時候偏要把雨傘借給你，當下雨的時候就會從你手上搶回雨傘，但事前並不會通知你，之後甚至要把你的衣服也要脱掉，要你冷病、冷傷風或冷死，這就是銀行的真面目。

當你有一個物業的時候，就會希望你用物業向銀行借錢，然後他們可賺取利息，但如果你有錢放在銀行時，卻不會建議你購買物業，所以銀行是很矛盾的，只會相信物業的價值，但又不會鼓勵你買物業。

因為，如果你把錢都用來投資購買物業的話，就不會再有多餘錢替銀行購買理財產品，這個就是銀行近10多年來的取態，所以2008年金融海嘯後，我有很多朋友都有向銀行查詢意見，例如：花旗銀行及匯豐銀行，她們都不會鼓勵客戶買樓，最好把錢存放在銀行裡，由此可見銀行業界只

會從自身利益出發，從來不會理會客人死活。這個亦都是為什麼他們會相信磚頭的原因。因為磚頭跑不掉，而且按揭成數也不超過六、七成，所以磚頭對於銀行來說防守性是最好及最穩健的。

以上這就是樓本位的雛形，其實90年代開始到九七年都是這樣。於97之後，香港經歷了六年通縮、八萬五建屋計劃、及亞洲金融風暴等等，物業價格不停下跌，由於供過於求，當時樓本位的概念並沒有出現，但到了2003年沙士疫情過後，物業價格回升，香港樓本位再度形成。

香港樓市演變

題外話一下：香港整個樓市上升的起源是什麼？香港地價昂貴乃眾所周知的事，最主要成因是什麼？若要説最主要的成因，非六七暴動事件之後莫屬。六七暴動之前香港政治非常不穩定，社會民生也非常混亂。六七暴動事件之後港英政府出於政治需要安撫香港市民，穩定局面，而舉辦很多文藝節、香港節、青年舞會等等（當然現今政府也想按照這種做法做），為了令營商環境變好，之後更成立廉政公署，令香港經濟及政治變得穩定，造就70年代經濟起飛，市民亦願意投資房地產。其實政治不穩定的最主要原因是1949年之後大陸政權易手，內地不論貧或者富的市民都大規模逃難來到香港，令香港戰後即1949年人口大量增加。1946年香港只有60萬人口，到1949年增長到186萬人口，換句話説在這短短三年裡，有百多萬人口增長，令

香港的住屋需求大增。之後去到1959年已經增長到300萬人，1959至1962年中國出現大饑荒，又有一批人逃難湧到來香港，去到70年代，香港的人口已經突破400萬。

六七暴動之後，政府要安撫這班龐大的人口，令到生活適合安居樂業，所以當市民覺得社會好像變得穩定，才願意會去置業。

中國人在每個地方都會購買房產，這是中國人需要「有瓦遮頭」的特性，相反外國人對物業投資就不太喜歡亦不熱衷，當然這種情況到最後改變了全世界。到80年代，香經已經約有500多萬人口，當人口不斷膨脹時，同時對土地需求亦不斷上升，市民需要居住空間，因此就要更多的房屋，導致當時樓價亦不斷上升。

香港1983年，因受到中英談判影響，令樓價下跌得非常嚴重，1983年9月港元大跌，港府將港元和美元掛勾，港人信心慢慢恢復，樓市重拾升軌。以前香港人買樓只需一成首期，到了1991年，金管局出了一個新指引，按揭只提供樓價的七成，市民需以樓價的三成作首期。而這個措施主要想冷卻樓價，但效果則剛好相反，由1991年開始，樓價突然急升，三成按揭這回事，令大眾市民都覺得不買樓不行，亦因如此該措施令銀行覺得有保障，所以很熱衷貸款給市民買樓，亦令貨幣供應傾向於樓市（按揭市場），令香港樓市變得蓬勃，從而更多人傾向於買樓，自然地香港樓價便會持續上升。

剛才就說過90年代，但於97年之後有一段時間並不是採用這個概念，那什麼時候才真正出現這個樓本位概念呢？我個人是認為在2008年的金融海嘯後，因為當時我已在思

考全世界的政府竟然可以通過印鈔票（指增加貨幣供應），用此舉救回企業，這個時期的貨幣變相是無限量供應，只要政府開動印刷機就可以印出來，QE量化寬鬆這個貨幣政策，是因為當時的聯儲局主席伯南克提出，他是研究1929年經濟大蕭條的專家，他知道當年的經濟蕭條原因就是因為沒有信心！每個市民都對經濟前景很悲觀，害怕失業，不願花錢。當市民不願消費，企業的利潤自然會大幅倒退甚至虧損，最後引伸到裁員，然後市民就更加節儉，成為一個惡性循環。以往的做法，但凡經濟環境轉差時，政府往往帶頭緊縮開支，企業自然跟隨，銀行亦收緊信貸。而伯南克的量化寬鬆政策是另一種放寬銀根方法，令企業不減少甚至加大投資，銀行願意作大量貸款給市民，等於在直升機上撒鈔票，最後把鈔票都推到物業市場。

正因為全世界的資金成本低，在量化寬鬆政策過後，利息下降接近為「0」，因為聯儲局的息口減到最低約0至0.025厘之間，基本上長期低於半厘，所以當全世界的資金在泛濫的情況下，唯有用穩健的投資以作選擇，因可以藉此賺取高息。

那麼全世界有什麼可以投資呢？

第一：債券。全世界最多的貨幣就是投資在債券上，包括美國國庫券，這個是最多基金或投資者會採用投資的工具，因為穩陣二字。全世界政府所發行的債券或私人企業的債券，在以前來說是佔最多的投資額。

第二：貨幣，當中以西方發達國家貨幣為主，高息貨幣如加元、澳元或紐元等。當時他們的貨幣特別高息，相對於

美金、瑞士法郎或日圓等低息貨幣，投資者便可從中賺取息差。做法例如是借取美金去買澳元，皆因美金利息低，借日元更是極低息，只因滙率太過波動。假設澳元有5厘，借美元成本為3厘，間接從中賺了2厘，當中跟回報率佔很大關係，而且更涉及槓桿原理，100萬元的錢並不是購買100百萬的澳元，可能從中槓桿了很多倍，因為購買貨幣可以按足，而且更可不止幾倍。

好像剛才所說，有的人購買債券，但債券是最屬於低回報率的，大概只有3厘左右。有時連2厘都沒有。其實買債券都可賺錢的，不過賺得比較少，通常都會槓桿把投資放大，以0.8厘的成本去買3厘利息的債券，那帳面上不就是賺了2.8厘嗎？當然不是，因為投資者買債券時，會買大多幾倍，如買大4至5倍左右，所以0.8厘的成本是可以收取共12厘利息的，槓桿了四倍。以12厘利息為計算再扣

除2.4厘成本，實質是可賺取9.6厘。當中涉及的槓桿原理是佔很大比重，因而可賺取更多的利潤。

第三：股票，最後就是房地產。

那麼黃金算嗎？因為買黃金要付利息，沽金反而可收取利息，所以沒有什麼人會選擇以買賣黃金作為投資，炒金的

不算。相反買賣貨幣便有利息收取，例如做人民幣或澳元定期存款。有段時間，投資者喜歡選擇人民幣定期存款作為工具之一，因為當時人民幣正在升軌中，由九十幾兌換率降至七十幾，不單有利息收取，將來更有升值的機會。

說了全世界的四大投資產物，包括債券、貨幣、股票及房地產。那麼2008年所發生的金融海嘯到底是怎麼一回事？主要就是因為債券及證券出了問題，當中廣為人知的就是雷曼債券。

當時有一間投資銀行貝爾斯登公司Bear Stearns倒閉，由於該公司的規模較小，所以倒閉時並沒有什麼人會理會，美國政府亦不打算出手援助，大眾抱著一種無所謂的心態。好比95年霸菱銀行出事般，而此事的主角：雷曼兄弟控股公司亦是同樣。但後來聽說，美國政府很後悔當時沒

有出手救回雷曼公司，皆因雷曼公司規模大，是一家百年老店。最終美國政府都是選擇沒有出手幫忙。如果雷曼兄弟被救回，就不會有量化寬鬆政策出現，全世界經濟又會被重新洗牌。更有傳當時買雷曼證券佔大部分的投資者，都不是美國本土的，所以當時美國政府才會任由這件事發生。

此外，當時雷曼債券在香港銀行包裝之下，都掛勾了很多大型企業，她們打著中國銀行、匯豐銀行、長江實業或中電的招牌。當時香港銀行會怎樣銷售呢？首先會問你中國銀行會否倒閉？匯豐銀行會否關閉？李嘉誠會否破產？理所當然答案是不會的。

那麼你怕什麼，而且回報這麼高。當時回報大概6至7厘，更有時候會高至8厘。當時向銀行貸款，利息都只不過是3

厘左右，所以必定有利潤可圖的。

正因為雷曼事件，引致全世界投資者都對債券喪失信心，只要一講到債券便不會有人選擇。至於股票，更加沒有人會選擇投資。之後便是澳、紐、加幣等高息貨幣，因為金融海嘯而受到極大衝擊，如榮智健因炒燶澳元賠上身家，更牽連整個家族。

當時澳、紐、加幣貶值得較嚴重，所有的資金回到日圓及美金。令投資者不敢投資到貨幣上，怕會繼續貶值。雖然可能買澳元有五厘息，但如果匯價跌一成，豈不是會得不償失。變相強迫市民投資在房地產上，當時買房地產的成本低，在2009年香港銀行的按揭為銀行同業拆息（HIBOR）為 +0.5至0.8%，而 HIBOR 長期為0.1厘左右，即是當時的按揭為1厘以下。銀行借出資金低於1厘，那麼市民的

存款放到銀行，當然是低至極點了，100萬港幣作活期存款，一年大概只有$100港幣利息。有見及此，市民便會轉買其他投資產品，但又怕再次出現雷曼事件或迷你債券，因而對有關投資產品產生恐懼。只要聽到相關字眼，便會立即拒絕，就連我身邊所有朋友也是同樣情況。債券？不！股票？不！

除非是之前一早就買下的債券或股票，如中電、匯豐、長和等，則作另計，因為這些屬於穩定派，相關公司亦不會容易倒閉。

若然要投資在股票上亦不是不可能的，如果有1億資金，大概只會花數百萬投資在股票上，而其餘的便會投資在物業上。因為物業不止有3至4厘的回報，更可用槓桿原理令回報率以複式計算法去計算。

例如一層價值500萬的物業，需付三成首期約150萬。假設物業用作出租，而租金是1.5萬，一年計算就可收取18萬租金，回報3.6厘，而利息只不過是1厘以下，即是一年的利息都不用1.5萬。借350萬，利息是1.5萬左右，但收取的利息是18萬，回報已經是12倍。

他們計數的方法是這樣的，價值500萬的物業，首期為150萬，需向銀行貸款350萬，每個月還貸款大約1.5萬。簡單而言，即是你拿150萬出來作投資，租金是1.5萬，一年就可以收到18萬的租金。有人就說，只收1.5萬的租金豈不是剛好只能償還貸款？其實當時價值500萬的物業，正常而言回報率都會有三厘多。但數並不是這樣計的，買一個物業需借350萬，當時拿出來的供樓成本可能只是1.5萬左右，算是打個平手。那麼供樓費用是1.5萬，收取的租金亦是萬五，那不是沒有賺到嗎？ 1.5萬並不是

全部利息，只有10%是利息，大概是1,500元左右，當你扣除1.35萬本金後，這筆款項便是你賺的，當然沒有辦法可以準確計算盈利率。算起來，每個月有1.35萬幫你扣本，即用來還款給銀行，意思是供樓的成本。所以實質成本只是1,500元。若然該物業供了大概兩年，假設樓價不變仍是500萬，平手賣出，需要還的按揭並不足350萬，1.5萬x24個月=36萬，而利息為10%，即扣取3.6萬利息，本金只花了32萬左右。若樓價兩年來沒有升值，起碼又儲起32萬。

意思是如果你有150萬可作投資，若放在銀行做定期存款是並沒有利息可收取；相反投資在房地產上，兩年便可有收取約32萬利息，算起來一年便有16萬。

CHAPTER ONE 香港樓本位

一年用150萬作成本,有16萬的回報,回報率約是10厘有多,是不是算很高回報呢?所以當時只要懂得算這條數學題,只要不是笨蛋,都會選擇投資房地產。有見及此,當時我就已經說過,樓價豈不是還有多空間升值?

利息這麼低,加上當時聯局的想法,是要透過低息環境刺激銀行放貸,令企業加大投資,聘請更多員工,以降低失業率。當時美國失業率為10%,屈指一算,我便估計美國的失業率要回復2007年的水平最少要十年以上,起碼要到2017年或2018年才可以。結果真的如此,到2017年或2018年才正式加息。試想一下在這10年來,由2009年開始投資物業的人,已賺了好幾年的利息,頭幾年每年賺10厘回報,還有樓價急升,最少賺了三倍!

有人就問：那麼是不是因為這樣才造就貧富懸殊呢？絕對是的，因為投資的門檻只會越來越高。按照剛才的計算方法，有錢的人只要把錢投資在物業上，因為借貸成本低，錢就會以複式的方法增長，越滾越大。以香港而言，約有10萬人屬這類的投資者。而且手持現金的人立即變成天之驕子，因為他們借貸的成本會更低。假若你只有10萬現金，是沒辦法買到物業，只可以放在銀行裡作定期存款，儘管10年後利息都是接近0，比起可以通過物業所收取回報的人，最終導致貧富懸殊加劇。有錢的人可以更快賺取更多的錢，窮人則是沒有辦法。

那麼金管局把按揭成數降低這個做法對樓市有多大影響呢？最主要是強迫投資者去買一手樓。以往很多人都可以作九成按揭。在金管局出招前，首次置業而樓價在500萬以下，當時亦可作九成按揭的。因為2成是由政府所貸款

的（是按揭保險），間接地是由政府在背後做莊。但到後期樓價在5百萬以下已經很少，連細價樓亦不斷上升。發展商因應市場的承接能力，把樓宇面積變小，間接令樓價可以變得較低。不會再推出600呎單位，如果買一呎要兩萬多，600呎的單位豈不是要1,400至1,500萬樓價？相比之下競爭力會減弱。如果變成200呎單位，呎價為3萬元，發展商可以在呎價上賺取更大溢價，而表面上樓價較低，更易受投資者接受。

樓本位另外的形成原因，是因為全世界只剩下兩種資產，由以前的四種歸納成現在的兩種，分別是可複製資產及不可複製資產。

可複製資產又可細分為三種：1. 債券，政府是可以隨時加印債券的。2. 股票，每間公司都可以隨時增發新股的。3.

貨幣，例如美金、英鎊隨時都可以加印。

而不可複製資產又可細分為兩種：1.貴金屬，屬天然資產，供應數量有限，難以複製。2.房地產，因為不可以即時興建，亦需要時間去建設。所以全世界的物業，並不只是香港，樓本位在2008年金融海嘯之後，令全世界，特別是大城市的樓價都不斷上升，包括北京、上海、深圳、紐約、溫哥華、墨爾本等的樓價亦升了很多倍。就連是美國，很多人都並不睇好近10年的美國，但樓價同樣上升。

尤其是大城市的核心地段，因土地供應非常有限，如香港中環，儘管樓市有多差也好，因為中環沒有辦法再另外興建一座中環中心，甚至鄰近的上環也是。又另一個例子，好像美利道停車場拆除後，有空的土地發展，但因呎價是天價，由買回來之前已是五萬元一呎，發展過後起碼也要

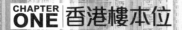

十萬元一呎，那麼你說怎能複製呢？

那為什麼房地產可以獨佔鰲頭，成為所有資金的避難所或者所有資金湧入樓市，成為樓本位呢？全因為貴金屬也會有衍生工具，唯獨是房地產並沒有。

若然全世界的市場上有一種買賣，你可以選擇買好或買淡的話，就證明這種買賣，會因有衍生工具的出現，而受到局限，不會有單邊的走勢。任何一種投資產品會出現升得太過火的場面時，就會有人選擇「沽空」或「做淡」。

唯獨房地產這種，除了之前的房利美及房貸美之外，就再無其他衍生工具。亦因為美國將房地產放入衍生工具，令金融海嘯「爆煲」，即是當時的次級按揭，把為信用評級較差或根本不應該借錢買樓的人，照樣包裝成優質債券般賣

給投資者。最終導致美國的房地產業，儘管有衍生工具，亦逃不過金融海嘯的魔掌。意思所指，當時的評級機構，如：穆迪標準、普爾及惠譽，全部將所有有問題的債券，都評為最高標準AAA級的。為什麼會這樣？無非只為了三個字：搶生意。你不做沒關係，總會有一家願意做的。情況就好像四大會計師樓核數般，再難再棘手的帳目都有辦

法解決。

在金融海嘯「爆煲」後，房地產基本上再沒有衍生工具出現，不可再沽空，只能單邊買升。在沒有複製的情況下，因為其他的投資產品都是可複雜性的，投資風險較大；唯獨房地產是較難複製的，所以市場只相信房地產，導致大量資金湧入房地產上。

再解釋一下「沽空」這個話題，股票可以選擇把手上的貨全都賣出，有貨就可以沽；但在樓市上，可以借貨去沽嗎？是不行的，因為賣出了就再也買不回。樓的獨特性跟股票是不一樣的，樓是一層一層賣買的，相比之下較難控制，尤其是全世界的物業很難由大戶所操控的，所以有人說造市大戶，什麼都可以造市，唯獨樓市不可。新樓除外，因

為要催谷銷情，所以可以做到短暫性的。

但二手市場絕不可能出現「造市」，並沒有莊家控制二手樓，承接能力是一種市場的自然力量。

大家要明白樓市跟股市是不一樣的，股票市場發新股，可以借買入賣出而造市；地產商是控制買賣地皮，而並非控制二手樓的數量，亦只可以控制到一手樓。

好像發行新股一樣，打算賣新股出去，趁公司現今市道好，本來想市盈率 PE 為 15，現在加價，PE 改為 18。令股價由 $15 變到 $18，賺多兩成即 $3。原因是地產商都一樣，造市的方法只能在新樓上下其手：開一個好高的成交率，引其他股民搶貨。

樓市並沒有所謂的大戶，當你成為業主後，有權一輩子都不把物業放出來，亦不會受大戶影響。

剛才已說過，香港的二手樓並沒有任何人可以造市，每一個買賣都出於需求或是炒賣。但是香港出現了一個很特別的情況，就是在2001年11月政府推行樓市辣招。自從那天開始，再沒有人去炒樓。只是把所有資金都流去炒舖位、炒寫字樓、炒工廠等。

那到底什麼是辣招呢？ 2011年政府額外印花稅SSD，買家買入物業6個月內，如果轉手賣出便要收15%印花稅。照當時情況所算，基本上沒有物業可能在六個月內有15%以上的升幅。因為額外印花稅只限住宅市場，變相令一大班住宅炒家絕跡。如果物業是在6至12個月之內轉手就要收取10%，如果是12至24個月內轉手則收5%。

所以到2013年曾經有段時間，樓市都有下跌，因為投資者
擔心兩年前被SSD所綁死的貨解鎖，會出現大量拋售。結
果都並沒有出現此預算發生，皆因樓市正值上升軌。

為什麼額外印花稅導致沒有炒家出現？假設有個物業是用
一千萬買回來，六個月來都沒有辦法升值15%，而SSD是
以樓價價值作計算。所以當SSD一出時，香港二手樓成交
即時陷入停頓狀態，炒家們放棄炒賣，入市的人，主要是
用家及長線收租的投資者。

所以2011年後，都是因為有需求才會選擇買樓，例如自
住，買家可能要安家立業、結婚生子等。但是最主要原因
都是，市民覺得樓價會繼續上升，所以會湧入市買樓，是
另一種的升值需求。

其後政府更出了什麼招數？在2012年9至10月左右，推出了加強版SSD，更引入買家印花稅BSD。主要針對並非香港人的買家，如果你不是香港永久居民或香港註冊公司，購買本地物業的話，要支付15%買家印花稅。有許多香港有限公司是用作持有物業，而並非真正做生意的。一個比較專業的投資者，會是一個物業，配一間空殼公司。所以到後期，身邊有很多朋友買舖位時，所選用的公司名都是以較簡單及數字為主，如138有限公司等。

自從政府推出BSD，令樓市交易變得慘淡，加速所有投資者購買工商舖的進度，加上政府規定住宅一定要用私人名義購買。然而引伸另一個情況出現，就是國內投資者佔香港樓宇市場交易人數約20%。

因一連串辣招關係，當時的住宅交易接近停頓，令一眾投

資者追捧舖位、寫字樓及工廠，當中已寫字樓及舖位最為搶手，因為大部份人對工廠認識不夠，並沒有信心可以處理。而且當時剛推出活化政策，初時成效並不顯著，只有部份人才會選擇炒工廠。

政府幾度出招，直到2016年規定劃一住宅釐印費都是15%，意思即是不論物業價值5百萬也好，還是價值5億也好，都需要繳交15%。成交冷卻了一段時間之後，市場認為政府已無招可出，樓市已經穩定下來，於是市民便瘋狂搶樓了。於舊制時候，假設買價值200萬的樓，只需要繳交約$100釐印費，至於2,000萬以上的物業，釐印費為4.25%。有物業在手的人一旦賣出，再想買回時就要交15%釐印費，交易成本如此高，寧願繼續持有，也不願意賣出去，市場供應減少了，導致二手樓放盤量減少得很嚴重，全都是因為政府所造成的。

另外作一個補充，不論你是否首次置業或是換樓，政府都會先收印花稅，打釐印費，之後才會退還給你。有人說，可以不打印花稅嗎？第一，雖然並不涉及刑事法，但違反印花稅條例。加上合約沒有打釐印，法律上文件並不可呈堂，換句話說，沒有正式合約證明你是業主。所以買賣物業必須要繳交印花稅。2015年曾經出過一招，主要不斷將按揭乘數減低，令買樓的人可借到的貸款越來越少，一般低於5成。如果物業價值越大，獲批貸款越少。曾經有個著名炒家，購買一個價值1億9千萬的物業，只獲得貸款三千萬，按揭連兩成都沒有。

一系列的辣招，其實會令樓市有反效果。第一政府加太多稅，令物業無法流轉，買賣次數越多，需要繳交的手續費越多，令整個樓市交易停滯不前，樓價不斷上升。當然換樓是可以的，如果自住的物業價值1,000萬，想換一間價

值1,500萬的，首先要先打15%印花税，即是要支付225萬釐印費，即1,500萬+225萬=1,725萬。自身物業才1,000萬，需要另外補貼720萬才可成功換樓。

而且需要申請及交易完成，政府才會退回釐印費，令成本變得很高。間接把成本轉嫁到買家身上，令到買賣變得卻步。

樓本位另一個出現原因是，大量內地資金湧入香港樓市，成交佔香港樓市比例約20%，而數字正在穩步上升，尤其是住宅。個人認為此舉是由內地政治氣候有關，香港樓宇相對內地樓宇而言相對較安全。加上至2003年10月開始，香港政府引入投資移民，放寬移民條件給內地，只要在香港持有超過1,000萬資金，當中可以選擇物業或者股票，就可以申請香港居留權。所以當時投資移民的人多數

會選擇投資物業，是因為對香港股票市場並不了解。或是選擇部份用來投資物業，部份用來投資股票。而這班移民投資者，由2003年11月到2004年期間時置業，到後期，無一並不賺錢。例如擎天半島於2003至2004年呎價由每呎$4,000，升至現時呎價約每呎2萬左右。假設擁有一個1,100呎單位，由當初的價值400多萬升至現時接近3,000萬。可想而知，在幾年時間，所賺到的差價有多少。

當時香港經濟非常差，香港政府希望有生水注入，紓緩經濟困境。內地人認為香港經濟及政治環境比較穩定，所以有不少人願意投資香港物業。加上香港法制以及內地法制不同，內地的房產有期限性，大部份物業及樓宇只是由政府出借，年期只有70年。嚴格來說，期限過後物業及樓宇則需還給政府。而香港則是以批租形式，期限過後政府會繼續續租，並不會收回土地或物業，好像新界條例於1997

年之後、西半山的嘉兆台或寶翠園都已續約。

相比內地而言，香港好多物業都較為穩陣，以及香港樓市有升值空間，在2004年買入的物業，於幾年之間可翻賺幾倍。令他們覺得香港是一個生金蛋的地方，一批又一批國內投資者湧入香港樓市。當中佔香港樓市成交約20%，算起來還蠻厲害，香港物業成交一年有幾千億的交易，若是20%就時幾百億。

另一邊，歐美方面則沒有如此大手購買香港物業，因為近幾年歐美的經濟放緩，例如歐洲，他們在香港樓市是沽多過買。但除了星加坡淡馬錫，大手購入又一城，算是外地投資者投資香港市場最大的手筆。

間接而言，同國情有關係的，因為國內的樓房同樣炒賣熱

烈。國內參考香港樓市成功的因素，而且香港樓市成功帶旺各行各業，先是銀行業受惠，其後地產公司能賺錢，帶動周邊的配套，例如建築、測量、地產代理、裝修、飲食、律師及會計師等，整個產業鏈人人受惠，感覺香港經濟是欣欣向榮般。

所以國內希望國內樓市蓬勃起來，而且當你置業後，會更加渴求穩定的政治及經濟環境，為了工作賺錢供樓而不會惹事生非。這個亦是政府通過物業，而穩定整個局面的手段之一。

其實剛才所說的，是由港英政府所發明的，通過一個高地價政策，以每年賣出的土地不超過54公頃，令市場土地供應下降，打著數量有限，售完即止的旗號。那麼為什麼港英殖民地政府需要推行這個政策呢？此舉對於穩定社會起

好大作用，限量供應的事物就一定值錢，早買早才有機會用最低價格購入，遲買就會被炒高價位。

而且跟政策取態有關，因為香港並沒有天然資源，沒有出產石油，就連水都要向內地購買，只剩下最珍貴的資源：土地。所以限量供應土地，或者土地越買價錢越高，對政府而言是一件好事，會有收入的保證。只要控制土地供應，土地售出價會一年比一年高。

其次剛才亦有提及過，置業者會安守本份，為了保住收入作供樓，而生活會過得營營役役，當個好市民。所以殖民年代，政府希望市民做樓奴，才不會作反，這是一個最有效管治香港人的方法。

有見及此，中國政府仿效此行，以前會打擊資產。到了江

澤民年代就推行三個代表，允許資本家入黨，更將香港樓市模式帶入內地，例如仿效香港商場或周邊配套。亦都是香港樓本位的基礎，因為一定要有政府配合，才能盛行。如果政府打擊房地產，樓便不能成為本位。若然政府不承認及配合，當用支付寶或加密貨幣時發生什麼事，警方都不會受理，在欠缺保障情況下，並不會有人炒賣加密貨幣。

簡單而言，需要政府有一個默契去配合此事，例如政策。如剛才所說，政府保障樓宇買賣，法制的健全令人感到安心安心，置業亦不會被侵吞財產。若在國內買樓，有機會隨時被炸掉整幢物業，這亦是投資者不敢在國內買樓的原因，存在的風險因素較高。

這個論點是在節目上並從沒提及過，是現在才真正帶出

來。樓本位這個概念，是一個政府默許的制度，一個願意配合的制度。若然沒有政府的支持或受政府打壓，是絕不能成事的，而且亦可以有助政府管治社會。

講了這麼多樓本位形成的原因，其實是由一對不同因素而造成，並不是單一個別原因就可以造成的。是次主題主要講述香港，不如介紹香港樓市分為幾大類？投資香港物業簡單分為兩大種、四大類。一種是住宅物業，而另一種就是非住宅物業。住宅物業是最多人投資的，因為除了投資之外，更可以自住。而非住宅物業則分為寫字樓、舖位、工廠大廈及車位。當中以車位為例，因為相比銀碼較細，雖然並不是人人適用，但投資成本較低，所以近這幾年也有很多人選擇炒車位。

CHAPTER ONE | 香港樓本位

亦有人簡單分為投資四大類：工商住舖。每種投資的方法都有分別，視乎投資金額大小。若然只有幾十萬，就投資車位吧，樓市蓬勃了十幾年，現時的入場門檻提高了很多，車位就會較易入手。例如豪宅，老實說以前沒有1至2千萬都沒辦法買到，但現在樓價升得如此厲害，普通一個上車盤都要接近1千萬。在現今世代投資物業，要準備充足的子彈。

住宅，普遍為香港最多的投資項目，皆因未必每個投資者是做生意的人，未必會了解寫字樓或舖位，所以一般人較難入手。若要再細分住宅種類，可分為獨立屋或低密度住宅（即3至5層的住宅）。而獨立屋又分為單幢式住宅、孖屋（即由兩間屋所組成的）、排屋（即一排連著6至7間屋）。

亦有一種可稱為「屋地」，例如在九龍塘或山頂南區半山

區都會見到，用號碼代表整幢住宅，多數會包含獨立屋及花園。當然這種並不是一般人可以投資，就好像富豪們所說：要有個號碼才像樣的，當中的號碼正正是所指屋地，可以單憑一個地段加號碼，就會知道所地屬何人。就好像淺水灣道1號是屬何鴻燊所擁有，4號是何鴻燊四太梁安琪的，12號是屬鄭裕彤，而16號則是梁劉柔芬所擁有。就好似玩大富翁，由他們買斷地契，不會作發售之用。幾乎大部分都被富豪所擁有，不屬於一般人可投資的項目。暫時渣甸山、赤柱、九龍塘等豪宅區還有一些「號碼屋」可以作買賣。

近年市場上放售的獨立屋，通常是由一個發展商，買了一整片地皮，興建5至20間不等的獨立屋，再單幢出售。不過銀碼一定不會是小數目，就好像 Mount Nicholson（山頂聶歌信山道8號）一間都要5至6億，約3至4千呎，呎價

約十幾萬。最高的一間可以去到9千幾呎，市價約14億。

當然，去到如此頂級的獨立屋，還是留給富豪們買吧。

再落一級，就稱為「分層住宅」，由幾百呎到2至3千呎不等，一般人多數選擇投資這種。如嘉湖山莊、城市花園、及太古城等。

另外一種就是「居屋」及「公屋」。市場上亦有人會投資，相對銀碼亦會較細。有人說居屋不易投資吧？現在二手市場中的可供買賣的居屋基本上都已補地價，如果沒有，一.可能是因為本身業主符合不用補地價的資格，二.有部份屋苑是免補地價的。未補地價的居屋價格，明顯比市價低了一段，起碼平了三至四成，但買家有所限制。

而「公屋」這方面，在90年代尾開始政府開始拆售部份公屋，例如黃大仙下（一）邨。由當年價值十幾萬，升至現時

的幾百萬。升幅最厲害的地區非沙田莫屬，因為馬鐵的關係，如顯徑邨、沙田圍等，都可被稱為「公屋樓王」。樓市

經過多年的升漲，公屋都變成需求之一，價錢相對較平，沒有辦法買到私樓的人就會選擇向公屋發展。

之後就到村屋、丁屋此類，但是這類相較難投資，不論是因為丁屋要處理的業權較複雜及麻煩，更因為在二手市場上交易率不高，連銀行估價也變得不易。在投資這個方面上，本人就沒有辦法給予太多的意見。

如果說到住宅，哪種類型的住宅會較為穩陣呢？我會建議選擇大型屋苑來投資，成本效益亦是最高的。譬如一個屋苑有10座，每座有2至30層高，一層內有6至8伙；這類住宅，個人認為是屬於最理想的投資工具，可以攤分管理

費，令成本變低。相比之下，單幢樓因伙數較小，每戶需要承擔的維修及管理成本高很多。而且單幢樓的投資價值絕對沒有大型屋苑高。

大型屋苑還有什麼好處呢？成交比較穩定，有需要數據參考，銀行亦較易估價。一個屋苑至少過千戶，一年內總會有持續的成交估價報告。銀行亦可以參考附近的類似住宅

而估價，在公信力高的時候，基本上用銀行的估價作按揭，都可以借到的按揭較多。投資這類型的住宅，價值而言會相比之下較為安全及有保證。是單幢樓就多數以自己為主，若用作投資不會是最佳的選擇。

若選擇新樓作投資的話，建議盡量不要買很高溢價的新樓。再次強調，不是叫你不要買新樓，而是不要買比同區呎價高好多的新樓。因為現在市場上有個問題，把新樓包裝成豪宅出售，但又並不具備豪宅的條件，只是在一個不應該出現豪宅的地方出現豪宅，這類型的是絕對買不過！主要出現的地方會是在市區、舊區及重建區。在節目上亦曾經呼籲大家千萬不要投資這種樓盤，輸的機會率很高。

最明顯的一個例子：半山壹號，在土瓜灣樂民新村及落山道附近。只是在常盛街開了個入口，就當作是何文田的豪

宅。其實李嘉誠最喜歡使用這種招數，當年賣大圍名城時，以「一脈相連九龍塘」為名，用位於大圍的樓盤當是九龍塘的來賣。於九七年時賣鹿茵山莊時，也是參考港島一線豪宅的價錢來賣大埔的樓。入手者，損失慘重，最高虧蝕了七成。有見及此，我們節目經常提醒投資者千萬不要買入這些「假豪宅」作投資之用。

其實要數到香港物業市場投資方面仍有寫字樓，工廠大廈及車位等等可以再作探討，留待日後有機會再作補充，或者可以留意本台Youtube頻道內的節目《升旗易得道》，可以了解更多我及Johnny Fok對樓市及經濟的分析與所見所聞。

CHAPTER
TWO

世代移民潮

2.1 Raymond Wong 在紐西蘭

十四歲移民紐西蘭至今，我就一直專注在解決「維他命M」的問題。同期移民的朋友，家境多比小弟富裕。那時的香港移民，多數人不用愁金錢的問題，但我知道我不能不愁這個問題，所以相對其他移民而言，我很早便投入社會，自十五歲起就在紐西蘭做過不少工作，如：踩單車派報紙、工廠助理、數車、司機、天綫安裝、電腦技工、地盤勞工、地盤紮鐵、地盤震石機機手、地盤科文等等。後來，我大學最後學年完結後就立即加入了紐西蘭政府的公路局，開始了我的工程師生涯，當年政府也算是

栽培小弟，為小弟支付了讀碩士的絕大部份費用，到現在我仍是心存感激的。

移民之苦

黃皮黑髮令我吃了不少苦頭，但也讓我認識到一些貴人。

記得當年派報紙，天未亮就要將報紙派完，最辛苦的就是在冬天周六時派，周六時的報紙是特別厚，紙媒全盛時期的周六報紙每份可重達一公斤，一個run是三、四十份報紙，即是三、四十公斤放在單車貨架，初做者是連平衡都有難度的。奧克蘭的冬天是經常落雨的，由於那時的報紙沒有包膠袋，落雨時報紙是非常容易弄濕的，冰雨打在面上，十分難受。雪上加霜的是，奧克蘭大部份是丘陵地，落雨時踩著載有三、四十公斤的報紙上落山是極度辛苦。

除了肉體上的痛苦，心靈上的痛苦也是有的。我試過遇著一家人是憎恨非白人的家庭，當他們偶然得知派報紙的是一個黃皮黑髮、十多歲的小伙子，他們竟然連續五天打電話給報社說沒有收到報紙。

頭兩天，老闆都在我回到家中後致電詢問有沒有派完所有報紙，我就說「有啊，為什麼？」當時我不知是有人「玩嘢」，以為事件就此過去了。第三天出現同樣問題時，老闆當然有點憤怒，就質問我為何連續數天都忘記派那戶，但幸好那時我的記性算好，就說出該屋的外型、信箱的物料和顏色，以及其左右鄰居的信箱的物料和顏色，意圖證明我沒有漏派。我亦向我老闆提議，不如他明天和後天自己去派，看看他們會不會投訴，老闆就接納了我的建議，自己出馬去派那家的報紙。後來老闆就跟我說，以後都不用我派那家人的報紙，我問了原因，他就告訴我，那家人

不喜歡非白人觸摸過他們的報紙。對於這些客人,我們也沒有辦法,只好換人去做,派報紙是外判的,報紙出版商也不會為外判工人出頭。老實説,他們不刊登一些反移民的文章,我已經謝天謝地了。

派報紙的工作讓我見識到一些人的不合理嘴臉,有些是當面質詢,有些是向老闆投訴:

- 為何你不先派我家?
- 為何我的報紙全濕了?
- 為何你不派到我家門口能遮雨的位置?

從那時起,我就學懂身為一個黃皮黑髮的人,要留在紐西蘭的話,你就要適應,你的權益、意見被蔑視是正常的,你做任何事都要比其他人做得更出色才會得到同樣的報酬和認同。

當然我一些白人同事也會遇到同樣的問題，但他們的處理辦法和我是截然不同。如果他們遇上「為何你不先派我家？」這類問題，他們只會告知投訴人派報紙的路徑是老闆定的（其實不是），他們也不能作主，事情就完了。我的處理方法則是，雖然派報紙的路徑不是我定的，但是我知你早起，下次會先派去你家。我的處理方式是迫於無奈，我也曾經試過用白人同事的處理手法，但某些訂報的人士見到派報的是非白人，他們會堅定不移地投訴，直至老闆要求改道為止。

同類型的事情在過去廿年出現的次數多不勝數，但是和一百多年前來紐西蘭的華人移民相比，我的經歷又算得上什麼呢？

香港不少傳媒一直將紐西蘭描繪成一個人間樂土，也是所

有人都是友善、和平、社會制度良好、公平的人間天堂。現實和此形象卻是相去甚遠，紐西蘭貧富懸殊是非常嚴重，雖然有最低工資制度，但衣食住行的價格都是異常高昂。紐西蘭整體物價比鄰國澳洲要高，而一般人的收入工卻比澳洲低百份之二十到三十。紐西蘭專業人士的實際收入卻會比澳洲高一些，不過比起香港，搵食是艱難很多。不少西方傳媒對紐西蘭讚譽有加，香港傳媒搬字過紙譯成中文，但我可以肯定的告訴各位讀者，我這個年紀（三、四十歲）的八、九十年代移民，超過八成已在十多年前回流香港工作生活。當然，很多回流人士亦會不自覺吹捧紐西蘭如何如何，大樹菠蘿，但若要他們長期留在紐西蘭搵食，他們是斷然不會的。

移民紐西蘭最理想的途徑

近年有不少香港人為了香港不理想的政治氣氛移民紐西蘭，一般香港人都是以技術移民的形式移民，而利用投資移民渠道的主要是中國大陸人。我個人的意見是，如果流動資金不足，移民的決定要審慎。香港政治氣氛的不理想並不影響香港世界金融中心的地位，錢沒有國籍，只會流向政治穩定，法律、稅例寬容的地方，所有令香港人傾心的英、美、加、澳、紐移民熱點，他們的稅率對一般人而言都是極高，這對於一個家庭的財富累積是極其不利的。香港到今時今日，仍然有相對穩定的政治環境，法律、稅例仍然是相對公平的吸金社會。

就算是有條件作出投資移民申請的香港朋友，利用技術移民的方法移民都會比較合適，資金投入亦會較少，而且成

功機率較高。不過，有條件作出投資移民申請的香港朋友其實在香港生活也會很好，真的有必要移民嗎？

千萬不要認為香港報章上所說的工作假期識到靚仔老闆，然後變成老闆娘，並且移民的例子是一般的可行之法，一萬人之中可能有一、兩個，其餘的不少都是被專業用家用完即棄，鎩羽而歸香港。

另外，有兩條路已經走絕，千萬不可試。
1. 商婚（假結婚）
2. 買工作機會

現時移民局查得非常嚴格，有以上兩種嫌疑的人士，有可能會被遞解出境，不能上訴。

走第三條路，政治庇護，也是極難。這是因為祖國同胞玩爛了這條渠道，過去十多年，自稱法輪功修煉者，被中共逼害，但入籍後又不時回祖國的同胞不在少數，直至現在成件事被玩爛玩臭，令真正有需要的人士得不到庇護。這樣玩爛件事是非常缺德，香港也有這類人士，這裡不表，我們的節目是會嚴厲鞭撻這類人士的，請大家密切留意。

紐西蘭經濟前景真相

紐西蘭的經濟和移民、海外投資政策息息相關，移民、海外投資政策被放寬的話，經濟就不會有大問題。不過，現時工黨牽頭的雜牌軍聯合政府是無能用者，未來數年的前景是絕對負面。現任房運部部長廢態弗（Phil Twyford），他曾製作一個選舉網站，抹黑所有亞裔人士乃炒高紐西蘭

樓價的罪魁禍首，而一般白人買不起樓都是因為一班有亞裔姓氏的𡚸×劏。是的，是亞裔，不是大陸人，外國政棍是不會理你是香港人抑或是大陸人。You are all fxxking Asians, you all look the same, and you caused all our problems.

依我看，香港那個光頭KICK陳煩局長絕對是Lesser Evil。

如移民將原居地的矛盾帶來的話，移民族群只會被逐個擊破。

這個雜牌軍政府不斷巧立名目去加稅，小生意人信心指數是跌落谷底。雜牌軍政府2017年上場後，小學老師、護士、巴士司機、鐵路工人、清潔工人都不時罷工，已嚴重影響一般人的生活。

紐西蘭最值得物業投資地區

近年有不少香港移民到了埗找了工作，但仍然買不到理想的居所。其實，我們這些老移民看來，新移民有這些困難是十分正常的，不少香港新移民的問題看起來比中國移民多，這只是和香港人精打細算的美德有關，中國移民花錢較疏爽，買樓出價也是較闊綽，不少香港人怕蝕底、怕輸錢的心態，令自己錯失了置業的機會。

以奧克蘭而言，買學區房或市中心大學附近的物業是可以的。

主要學區房的學校：

Epsom Girls Grammar School

Auckland Grammar School

Macleans College

Takapuna Grammar School

Rangitoto College

Westlake Boys School

Westlake Girls School

Botany College

市中心近大學管理較佳的公寓：

Silo Apartments

The Quadrant

The Connaught

The Statesman

宿舍型單位投資價值稍低

2.2 義德臺仰 在紐西蘭

大家好，我是芒向編輯部的紐西蘭代表義德臺仰。小弟當初來紐西蘭的原因是因為會考成績不理想，在香港沒法繼續升學，恰巧家人能夠提供機會及支持下，於18歲那年以國際留學生身份毅然前往，讀了一年基礎課程（Foundation Course）便可以申請大學學位，也很幸運地完成了大學課程。

畢業時大約是2004年，那時候移民紐西蘭的門檻低，只要能夠於當地找到工作，而該工作是當地「人才」短缺的工種，那就很容易申請移

民入籍紐西蘭，而我也順其自然地成功申請了永久居留。在這期間也在紐西蘭找到另一半，從此決定在這裡落地生根。轉眼間已經在紐西蘭生活了 20 年，執筆之時才發覺原來在紐西蘭生活的時光，比起在香港生活的時間還要長。

工作假期背後血淚真相

當你考慮移民紐西蘭，當然會到來實地體驗及感受一下這裡的生活。從旅遊節目看紐西蘭當然是人傑地靈又好玩。當你實際生活起來又會是另一回事。到來旅行日子太短，而且成本又重，所以近年流行到紐西蘭來一個一年的工作假期（Working Holiday）。

紐西蘭作為一個旅遊國家，你會很容易碰到來自世界各地

的人，當中也是工作假期的熱點。說到「工作假期」，一般人會想到是外國生活體驗，感受外國生活氣氛，還能和外國人打成一片，增進英語會話，但實情又是否這麼理想呢？

一般來說，工作假期的簽證能給你找任何工作，目前紐西蘭法定最低工資是每小時 NZD$16.50（兌換港幣大約 $85），如果以香港的最低工資水平比較，這個工時薪水也算很吸引吧！但礙於簽證的一年時限，工作選擇相對少很多。工資也不會比最低工資高出多少，實際是一般能夠找到的工作都是本地人較不願意做。

而當中最熱門的是「農場工人」，例如到果園採摘水果或到牧場看牛羊，讓你有機會踏在泥濘上「實地」體會工作。

很多持有工作假期的簽證來到紐西蘭的朋友，英文都不是很靈光，對紐西蘭當地法律認知也不足，這便成為給不良僱主有剝削員工的機會，這些情況報紙上也時有所聞。當中有一非常離譜案例，老闆要求免費試工一、兩星期，有些人以為這是很正常，於是替人家打免費工，兩星期後便給一個理由打發員工離開，以此方法剝削很多無知的人。

我以前認識一位女性日本友人，那時我們住在同一個洋人經營的 homestay。我這位日本朋友當時很需要工作機會作為以後在履歷上的工作經驗。及後，她找到一家由日本僱主經營的旅行社內工作，為了履歷上的一項證明，便無奈免費替人家工作了半年至簽證完結返回日本。

另有些本地僱主會提供可作移民用的短缺工種機會，來吸

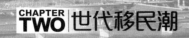

引人「上釣」。這種可作移民的工作機會是很值錢的。所以在正式開始工作前一般會要求你先付一筆數目龐大的錢給僱主，大約在2006年的時候費用介乎於五至八萬紐幣之間。在工作期間，僱主會以正常工資和報稅發薪水給員工，而員工也要實實在在替僱主工作。不過有些無良僱主會要求員工「無限」加班而不作任何補償，更會以「炒魷」和令你「移民不能獲批」為理由作要脅，但員工也不能說什麼，因為你已先預付了大筆大數目給僱主就算你想辭職也能，所以只能硬著頭皮幹下去。

大約在2016年更發生過一宗員工連續工作了兩個星期，每星期60小時卻拿不到任何工資，但僱主照卻常報稅，最後事主因過勞入醫院才被揭發。

以上我所說的三個不同剝削員工例子都是因為外地人對

紐西蘭法例認識不足，但卻非常想移民。還有是 Working Holiday Visa 的性質，造成僱主與員工在權益上不對等局面。因此在找工作時必須要查清楚工作性質，可以的話更要打聽一下該公司的背景，合約條文也需仔細了解，不要為了移民簽證而挺而走險，付錢給人打工換來工作安排，最後可能得不償失或拿不到簽證。

紐西蘭升學教育之陷阱真相

新西蘭環境優美，地靈人傑。絕對沒有香港的都市生活緊張及壓力，成長於香港的我習慣了呼吸香港的空氣，初到來紐西蘭時的我，覺得這裡的空氣清新至極。

在我來紐西蘭讀書的年代大約 1999 至 2004 年，有幸是紐

西蘭留學「產業」發展得最好景的日子。一般初來到紐西蘭的同學都會先到語言學校學習英語，更會由學校安排到 Homestay 居住。我當初來紐西蘭時也被安排到洋人 Homestay 居住，從中文環境突然轉成英語語境生活，這就是讓我的英語會話在幾個月中突飛猛進的主要原因，相信這也是很多家長讓子女選擇海外升學的原因之一。

在紐西蘭升學如果你在香港已中學畢業的話，一般只需要上一年的預備班和考上國際英語測試系統（IELTS），得分必須達到6.5分以上便能符合入讀大學要求，如果學生年齡大約13至16歲，香港中學階段，只要成績不太差得的話，紐西蘭當地中學一般都可就讀。各大院校的課程，都能在網上找到。申請過程無需經過中介，自己搜集一下資料，辦理相關手續其實並不困難。

當然如果不想麻煩也可透過合法海外升學顧問代辦，他們所做的工作也是大同小異，有意到紐西蘭留學的人，最好要對比好幾家。紐西蘭的網絡普及程度非常高，絕大部份的學校資料、簽證申請等等，都能夠在網上找到。還有也不要盡信升學顧問的說話，最好還是自己也在網上核實中介給你的資料。

有些升學顧問與個別學校掛勾，因此會特別推銷某些課程，這是無可厚非的，但最重要是否適合學生，詢問後也最好在網上搜索核實資料。以前曾經出現在有中介推薦學生到某私校就讀，以為讀完可升讀大學，殊不知學校卻年中倒閉，學費也給那無良的學校老闆刮去，很多學生因此損失非常大，更造成極壞的印象。

要核實學校是否正規也不太難，可於紐西蘭教育局開設的網站（www.studyinnewzealand.govt.nz）查詢，這裡有齊所有留學的資訊。還有更重要的可在該網站搜索一下你的中介是否有註冊，沒有註冊的升學顧問，一般是不能替學生代辦簽證和入學，大家也無必要繼續找無牌中介代辦。

我看港人移民紐西蘭的實況

在我認識移民來紐西蘭的香港人，九十年代的那批一般在香港有不錯的收入，儲了一點錢，來紐西蘭置業並帶同子女來升學，很多都是期望給子女較香港好的教育。來到這個年代的父母要不是其中一人需經常往返香港做「太空人」，要麼兩人也沒什麼事情做或直接地「買生意」來打發時間，例如開餐館，更甚者喜歡經常到賭場「娛樂」，而目

前這一輩的人由於子女也都長大成人，甚至已另組家庭，父母二人在紐西蘭變得無事可做，雖然在紐西蘭十數年載，但生活圈也沒什麼朋友。因此便回香港居住，有空才回來紐西蘭探望子女。年紀大了，或會早點會來居住，待六十五歲便可申請退休金過日子。

也有另一種情況是子女投身紐西蘭社會工作後回流到香港就業，父母卻留在紐西蘭享受退休生活，年老父母還是要經常回香港探望工作忙碌的子女，做父母的為求多見子女一面每年來來回回往返飛去也不見得好受。

紐西蘭早已有全民退保制度。無可否認香港在這方面實在非常落後，但也從中發現這制度是被少數人在九十年代移民來紐西蘭的港人所濫用，幸好情況也不算太嚴重，畢竟這批退休港人，他們留在紐西蘭也會消費，退休金還是會

回流到本地經濟體系。如果當事人離開紐西蘭一段長時間的話，退休金也會自動被停止，直至當事人來紐西蘭再長住重新申請。這一方面打算移民到紐西蘭的人士必須留意。

不得不提是還有一部份香港人把紐西蘭當作移民到澳洲的跳板，因為紐西蘭籍可於澳洲自由居住或工作，身份與當地人分別不大，而這部份的香港人很多在大約2003年後走了一批。畢竟，澳洲的工資和物價要比紐西蘭更好，機會也更多。

我眼中最宜居的城市

在紐西蘭，或者首先說我個人較不喜歡地區是奧克蘭，每逢到夏天時氣溫達攝氏32度，以紐西蘭全國來說可謂非常

炎熱，而且樓價也是全國最高，生活成本負擔也是最沉重的。無奈地由於工作關係，我也只能居住於奧克蘭，畢竟這裡人口最多，相對各方面機會也最多。

我個人較喜歡的是小鎮陶朗加（Tauranga），但其實以紐西蘭來說，官方標準是城市。但對我們香港人久居超密集城市而言，這確是一個小鎮，以面積來計算不足香港兩成，但人口不多，官方數字為大約只有12萬人，一般氣溫比奧克蘭稍為和暖一點，而晚上走在路上，除了酒吧區外，基本是碰不到人，鎮上生活節奏比奧克蘭輕鬆寫意很多，而且距離奧克蘭車程大約三小時，在紐西蘭當地來說距離也「不算」太遠。地大人稀，樓價相對合理，因此居住環境也自然比奧克蘭大，也更為寧靜，是紐西蘭的一大渡假城市。

當地的帕帕摩亞海灘（Papamoa Beach），面向無盡的南太平洋，海沙特別幼細，喜歡陽光與海灘的人是最理想不過，但由於是熱門旅遊景點，聖誕及新年假期十分多遊客到來，而且作為渡假城市，近海周邊地皮相對較貴也是理所當然。很多紐西蘭本地人喜歡在這裡買下一整間渡假屋以供周末或長假期到來享受陽光假期，或者作為投資出租之用。如此，有意移民到來後經營一些遊客生意人士值得留意。

但如果在這個小鎮居住，並選擇尋找工作的話卻不是理想之地，說實在人煙稀少的地方，工作機會確實不多，就算有的都是與旅遊或餐飲相關工作為主，但對來紐西蘭工作假期人士來講，這個小鎮相反是一個不錯的選擇。

其實所謂宜居城市很多時候，都是要看個人生活態度及需要能不能習慣而已。因此，或者我認為宜居的地方，對很多香港人來說，卻是另一回事。在紐西蘭雖然空氣非常清新，山明水秀，環境宜人，但生活總是沒有像香港般便利，出入很多時必需要以私家車代步。亞洲食品用品雖然不難買到，但價錢總是「貴」了一點。而淘寶網反而會成為經常購物的地方，很多時候，淘寶網的價錢比本地賣的平宜很多。

另一方面英語的環境在溝通上對很多人來說也不容易習慣。另外政府的工作效率相比香港也是「緩慢」很多。談及到「慢」，紐西蘭網絡速度如果沒有光纖的話，也是慢得可憐，嚴重程度足以影響日常工作。光纖寬頻的價錢每月大約港幣 $760 左右，相對香港來講是非常昂貴的生活成本。至於無線通訊方便手機通話月費，也比香港貴大約三倍以

上。3G 或 4G 無線上網更不用説流量限制非常大。「無限上網」於紐西蘭來説簡直是遙不可及的幻想而已。以我個人為例，現時用的是每個月 1GB 的流動通話計劃，所以不能夠像香港人一般能夠在街上看隨時隨地看劇集或影片那樣方便。

至於生活環境對年青人來說，除了日間各項陸上或水上運動外，晚上也只能夠去酒吧消遣，近乎沒有「夜生活」這回事。除球季以外一般酒吧人流也不會太多，所以相比香港來講根本算不上有什麼夜生活可言，也不要幻想晚上可以隨便出街吃宵夜、中西糖水甜品，甚至是 24 小時便利店也難有一間在附近，所以要吃宵夜的話就只能夠自己煮。

晚上環境比香港安靜很多，除了蟲鳴外，很少聽到其他聲音，我初來時對這一點也感到極不習慣。但習慣了這種回

歸自然，萬籟俱寂之境，偶而回到香港才發現這裡是一個極為嘈吵的社會。

總體來說，要與香港比較的話，香港社會其實是非常有效率和優秀，所以很多香港人初到紐西蘭生活，對這一點會不容易適應，個人需要調節自己一下，減慢個人步伐，才會能容易習慣這裡的生活。

2.3 真BC在澳洲
真BC的自述及香港社運
民主運動邊緣回望

真BC三重國籍的故事

為何會有三重國籍？就要由太公年代説起。他
是一個由中國南方城市遠渡到美國的開發鐵路
工人，這一代人在美國歷盡艱辛。

順理成章我的爺爺在美國出世，他相信共產主
義，所以放棄美國人的身份回到中國去，曾於
北京大學讀書，祖母的父母分別是英國人和給
中國人，所以她是混血兒。

因此，我是出生於美國近墨西哥邊境現今是全美國治安最差及失業率最高的城鎮之一，因此我同時間可以擁有英國護照，小時候亦曾經居住於英國的利物浦一段日子，所以現在有部分思考上的方式——近似英國人的模式。

因為我的母親持有澳洲國籍，所以後來我也移居到澳洲生活，這就是我三重國籍的由來，也看到這三個香港人移民熱門國家的真實一面。

為何會學中文？

首先是希望追隨爺爺舊日走過的足跡，自己亦想走到中國看一看，改革開放後變成什麼一回事。亦覺得學習中文將來必定可以派上用場。因此我報讀了北京大學，認識到當

地的中國人看到很多中國的事情，環境上與我過去的生活有很大的不同，這段學習期間影響我日後的人生觀。

所以，現今香港社會很多人說中國是地獄鬼國，我個人來說是不認同，中國大陸也有很多好人，做人要客觀地看問題。

後來的一場大病需要返回澳洲接受治療，之後就再沒有返回中國。

從何時喜歡蕭若元節目

因為從某次查閱家族族譜見到蕭若元先生的名字，他是香港一位知名人士。後來無意之中從網上聽到蕭生創辦的網

台「香港人網」，我當時覺得他說話很有道理。他的一套普世價值觀深深影響我將來的批判思考方式，雖然蕭生的節目內容現在已經變質了。

老實說，當時蕭若元先生的節目是我的精神食糧，陪伴我完成博士學位這段艱辛旅程。他教懂我如何從哲學角度去作出批判式思考。

從「香港人網」到後來的「民台」出現了另一個人就是「長毛」梁國雄。過去唐人給我的印象是很害羞，較為膽小，但長毛多是給人感覺是會為人請命，願意幫基層市民。

在我未接觸香港文化之前，也有看過一些共產理論相關的書籍，托洛斯基及哲古華拉的理論都是相當偏激的。後來在澳洲首都坎培拉工作時，有天與我的華人富商購工同而

聚餐時，因為他認為長毛及黃毓民是搞亂香港的人，我與他爭辯，結果當然是不歡而散，後來我亦因此放棄這份工作。當時候每逢看到長毛被警方拘捕或者是被人指罵，都會覺得很心痛，甚至流淚。

當時我畢業不太久，收入不多但仍然盡我所能將我的積蓄捐給社民連、人民力量還有是香港人網。

我看黃毓民（芒果佬）

前立法會議員黃毓民（又名「芒果佬」），想當年我是很尊敬他的。在社民連時代他所講的「仗義每多屠狗輩，負心多是讀書人……」，從他的對答看得出他思維敏捷、辯才能力相當高，加上他對中國歷史知識豐富，所以當時有很多

人都崇拜芒果佬。可能他曾經教授歷史課關係,他所講的歷史很有層次感,甚至比蕭若元更加優勝。後來芒果佬的「徒弟」黃洋達,將棟篤笑的表演形式帶入網台,(先不理會政治立場)其實是很有可聽性。

雙黃問題(黃毓民及黃洋達)

本來二人都是持中立的立場,但後來我發覺漸漸有誤,逐漸偏離初衷,變得政治傾向及價值觀變得「排外」。黃毓民違背了他原有的思想及價值觀!

至於黃洋達雖然未見過其真人,但亦曾經支持過他網上籌款,亦因他參選議員最終落選而感到傷心難過。他其後的所作所為大家亦很清楚,亦不必再多說,所以來到今天才發覺,他不能夠當選對香港反而是好事。

遇上雨傘運動

看到香港新聞，例如大紀元整理過後有關黃之鋒的片段。
當時都有拜託朋友如有機會回香港，幫手提我捐物資以示
支持。當中我最深刻印象是長毛跪在地上要在場人士不要
離開，覺得長毛為大家付出這麼大，但本土派還不斷在輿
論上攻擊長毛，我深感不值。

與此同時，開始覺得「雙黃」不對勁，如果人的自身價值觀
背道而馳。整個運動過了兩個月之後，一位曾經住在塔斯
曼尼亞，後來到香港中環工作的朋友說：「本來都支持雨
傘運動，但因為拖延的時間太長，影響到工作及太多商家
表示不滿，所以不再支持民主運動。」

其實全世界的民主運動，都是結合當地群眾的利益。如果雨傘運動騷擾到其他民眾的正常生活，這個民主運動就應該要結束。

為何不再支持人民力量

開始的時候我是很支持人民力量，但因為「快必」譚得志做了很多很奇怪的事情，在我眼中是很不理智的，他所做的事情只會把問題變得越來越壞，不禁令人懷疑他當中的用心。

不過還有其他網台我是仍然支持的，無意中認識到芒向報的社長及其他編輯。因為大家有似曾相識的經驗，都支持過激進民主派人士，但後來發覺不對勁。

經過升旗易得道創辦人之一Tony Choi的邀請成為芒向編輯部其中一員，在此再一次感謝他。雖然現在以分為兩個網台，但互相仍有緊密聯繫。

有人說我們未曾居於香港，並不了解香港。的確我從未住在香港，同香港唯一的聯繫就是來香港為太婆打掃墳墓及獻上一柱清香。

最後，來到今天對於民主社會發展我是有少許失望，被極右組織「夾」得透不過氣，西方的民主制度是有需要反思。

移民澳洲最理想途徑

與其他編輯的章節一樣，網上可以尋找到的移民方法及途徑在此也不必多說。還是說一些特別的重點更加好。

對於移民澳洲的方法其實是兩個極端：一方面就是技術工人，你可以是一個具備某一方面專長的技術人員，例如水電工程、修理汽車、髮型師；而另一個極端就是你要具備高等教育程度，例如是博士畢業生，假如要當一位大學教授也需要有一定的學術地位，若然是科學家就最理想不過。

澳洲是一個很奇怪的社會，著重人的「動手能力」，即是有一技之長的人。

假如你打算到澳洲升學移民的話，我就不太建議就讀經濟及金融科目，還是選擇一些與科學及工程有關的科目比較實際。

舉例說，塔斯曼尼亞大學的海洋工程學科，每年畢業人數很少，而且該學科是世界排名前10名的。因此每年的畢業生在市場上非常吃香，不愁找不到工作。

寧做澳洲人也不做英國人之謎

自幼身體比較多病，英國天氣較濕冷，而澳洲天氣相對和暖，因此我居住時間最長久的英語系國家就是澳洲。題外話過去有幾位澳洲總理亦都是由英國遠道前往澳洲任職。

此外英國有較嚴重的階級觀念，因此不論工作也好，人際關係也罷，都會令人感到有種無形壓力。這個問題在澳洲也有，但沒有英國那麼嚴重及明顯。

曾經當我在雪梨北岸私人學校，認識到當地一些「白人」富豪，他們的階級就是相當重。

澳洲經濟前景真相

我由年輕時候開始已經在澳洲不同的地方，最遠甚至到塔斯曼尼亞嘗試過不少類型的工作，例如：牛奶農場、生蠔養殖場、三文魚場等等。

對於澳洲當地的經濟，在我個人來說是悲觀的，因為社會氣氛被極右思想「挾死」，澳洲本土出現排外的情緒，所以經濟會受到一定打擊。以我所見需要好幾年時間，有待政黨輪替才有新希望。

澳洲最值得物業投資地區是⋯⋯?

我認為是墨爾本,最好更加鄰近黃金海岸的地區,住宅單位的售價不算太「離地」,但卻有不錯的租金回報。因為該處是傳統旅遊區,人流暢旺,經濟亦都暢旺,而且物業甚至是可以改變成民宿,例如Airbnb出租給旅客。假如單位佈置具有特色的話,自然不乏捧場客。

我看港人移民澳洲實況

過去讀書時期接觸到來自香港的同學,他們比較「熱衷」於補習,澳洲當地聽起來會覺得有點奇怪。這種學習風氣與態度其實與澳洲當地「文化」不符。某程度上在澳洲人眼中是破壞了當地既有「文化」。

尤其是澳洲當地人覺得 1997 年前後比較多香港人移民到澳洲，認為他們變相抬高了樓價，對於香港人的普遍印象是比較現實及比較無情。

所以香港人給澳洲當地居民的感覺，其實有點似香港一些自稱「本土派」的人士，他們仇恨大陸人一樣。

給已打算移民到澳洲的你

說實在假如大家有機會移民到澳洲，我個人認為是好事。不單止生活空間較廣闊，而且工作上同樣都是，對將來發展也是好事。

對於高級技術人才在澳洲社會一定會受到某程度上的尊重

（其實我也是個博士畢業生，這種感覺我充分體會到。）

至於澳洲技術工人的工資在世界上是數一數二的高薪厚職，技術工人在澳洲相對會比英國更吃香。

還有是其他移民政策尚未公佈，未來會偏向農村經濟政策，即是要於澳洲一些偏遠的農村地方住滿一段頗長的時間（有傳聞是十年），才可以遷入澳洲一些城市化的地區。

這個政策有利有弊，亦有機會加劇一些澳洲二、三線城市新移民對於住屋需求，將會帶偏遠地區物業的升值潛力。

2.4 加燦生 在加拿大

一個「加燦」在加拿大的
生活經驗淺談

筆者少年時隨父母離開香港移民到加拿大,居
於多倫多。時光飛逝,不知不覺轉眼間一住已
經二十多年。如今住在加拿大的日子已經比我
居於香港更久。而因世界大環境不停地改變,
親眼見證了1997年香港人回歸中國前的移民
潮、台灣人湧入加拿大,以及中國經濟崛起後
的移民潮,亦見證了加拿大華人社區的變化。

在此希望將一些加拿大生活上「真實」一面的心得與大家分享。

決定移民加拿大前的心理準備

其實不論移民到什麼國家，當要做決定前，希望大家首先要抹去從報章上、雜誌上和其他媒體對移民目標國家的「美好」印象。

實際就好像看照片、拍拖和同住屋一樣。單是看介紹（可能是廣告），去旅行與移民是完全不同，抱著旅遊的心態去決定移民是很危險的。簡單綜合來說要有無論事業上、財政上和生活上都要有與想像中「落差」的心理準備。舉個例子以前在香港當主管階層的，來到加拿大可能（極大）

要倒退做「散仔」一名。更甚者隨時做不回「老本行」，你能夠捨棄懷緬過去「風光」的日子嗎？

另一方面因為加拿大是個福利國家，稅項當然較香港重好多，最初移民到加拿大隨時可能會有入不敷支的情況出現。城市生活物價重，壓力頗大。據我所見，很多人首三年在加拿大的移民生活都是比他們預期的難捱。

以上經驗告訴大家：當你有這樣的心理準備以後就下定決心移民到加拿大吧！

「新角度」認識移民加拿大

移民加拿大配額與聯邦執政黨有「絕對關係」。一般而言，自由黨傾向是「寬鬆」，主張廣收移民；而保守黨則相對「嚴謹」，而且對移民採審慎，甚至「歧視」態度。

在此筆者憶起，前任保守黨總理哈帕（Stephen Joseph Harper）在位時，曾因為鑑於移民個案積壓過多，竟將超過二十萬份移民申請一刀切取消，但另一方面，又會另外再為「白人」移民開方便之門，就是直接為他們增加配額，因此令不少苦等幾年的申請者欲哭無淚。

現時自由黨甫上台已開宗明義於五至十年間會接受超過百萬名新移民，並逐步實踐承諾，此乃有志外闖者的最佳時機也。

但到底以哪種申請方式最好？有沒有百分百成功方法？請恕筆者難以詳述，畢竟移民多年，記憶料資恐有偏差，為免誤導，只能告知一些必定要避免的事項，反而可以令申請減少出現不必要的「意外」。

首先要說的絕不可幹的事：首要是不可造假，包括「假結婚」！筆者有位結婚十多年的朋友，配偶係加拿大公民。今年決定離開香港，所以申請移民加拿大，移民顧問強力要求要朋友夫婦將十多年來的合照，及與其他親朋戚友的照片一同呈上該局。並將照片上的人物關係及姓名逐一寫出，為的就是係防止假結婚。

加拿大是實行 Honour System，即假定每個人的具有良好的誠信，但審核嚴格，若發現造假，必定將名字及個案列入黑名單「永不錄用」。

而更重要的是，加拿大司法制度是疏而不漏，切勿心存僥倖或為貪小便宜，否則的話只會令將來生活上出現不必要的阻礙。

基本上因現屆政府係「親移民」，又著重吸納技術型勞工。於是訂立了一個名為「Express Entry」的計劃，可以令一般有專業技能，而無財力的，都能踏入加拿大，但由於篇幅有限，不可能詳述，大家可以向「Google 大神」查詢一下，官方已有詳細資料，另外中國的「知乎網」亦有詳述各項細節可供參考。

因此有心來加拿大闖出一片天的，請不要因自問「我只是普通人」，覺得自己何得何能而卻步。有時候人生如投注六合彩，中獎後才知自己時運高。

知道大概基本慨念之後，就可以找一個移民顧問協助申請，當然是要合法的，即是必須要有由加拿大官方發出的移民顧問 License Number，了解過後就可以決定相關細節。

初入加國

假如你下定決心及開始著手辦理移民，輾轉間幾年過去，終於收到通知申請成功。舉家移民到加拿大，亦即是與移民顧問分道揚鑣的時候。長途機後「落地」第一件事當然是

食飯及休息一下，但到第二日，一覺醒來要做什麼呢？就是要去三個地方申請三張卡，分別是：1. Service、2. 到加拿大聯邦服務中心申請 SIN 卡，及 3. 申請護照。

Ontario Canada 省政府服務中心申請醫療卡、身份證及為車牌續期，到 Drive Test Center 考車牌。

三張咭分別是：

1. SIN (Social Insurance Number)

俗稱工卡或叫社保卡。取得此咭就可以尋找工作、買屋或租屋和申請信用咭，如此重要的咭萬一不見了也不用害怕，但一定要記住個人的號碼，現在 SIN 可到 Service Canada 申請。

2. Health Card 即「醫療咭」

憑此咭去看醫生或入醫院治病，所有費用就會由政府支付，否則就要自行支付所有費用。大家要留意「新移民」一般由申請直至到正式批准獲發咭需時約三個月，因此這段期間建議大家最好先自行購買醫療保險，否則若不幸生病有可能需要付沉重的醫療費用。可去Service Ontario OHIP Office或網上辦理申請。

3. 駕駛執照

加拿大的駕駛執照分為三個等級，最基礎係G1牌，可以到 Drive Test 中心排隊考試，筆試20條要答對16條才合格，想先實習一下的話可以在網上尋找 G1 Driving Test 模擬練習試題就可以。很貼心地有中文版的考試試題，所以英文程度「暫時」欠佳也不用怕。筆試過後便可以找教車師傅了，至少經過8個月之後考路試，成功後再考G2試，再

通過後才可獲發永久車牌。

假如已持有效的香港駕駛執照過來前先申請國際牌可作過渡性使用，這段期間可直接去申請轉考G2牌試。但必須緊記加拿大的「步伐」比較緩慢。半個工作天才可以「生產」出兩張證，所以必須要有耐性。因為隨時要花上幾個小時去排隊，感覺有如罰企一樣。

最「貼地」的加拿大住屋心得

待三證辦妥後，就可以不用再住旅館。最簡單的就是去租Apartment，一般來說都是一房一廳的單位為主。優質居住地點當然是市中心租金大約是加幣 $2,000 以上，而較為香港人喜愛的華人集中地，例如：士嘉堡（Scarborough）

或有加拿大矽谷之稱的萬錦市（Markham）和列治文山（Richmond Hill）租金約 $1,600 至 $2,000 以上加幣之間。

好讓大家對尋找合心意的樓盤有點方向感吧！這裡可以介紹地產網站「mls.ca」或搜尋「realtor.ca」，兩大網站合拼起來那就可以有齊接近八成左右加拿大的住宅放盤資料，大家更加可以因應個人需求輸入資料，以獲得更精準樓盤資料。

一般而言獨立屋售價 $800K 至 1M，而公寓（Condo）約 500 平方尺，一房設計大約 $400K 至 $600K 之間算是標準的價格範圍，另外管理費的計算方法是大幾每平方呎八毫子至一元左右。若然是舊式公寓大廈更會包水及電。管理費偏差較大，所以必須要打醒十二分精神。

本地人習慣是買租屋前都會上網找樓盤資料，之後再找經紀。了解及多作比較才不會被「搵笨」。

很多香港海外房地產廣告，不時都會見到有加拿大新樓盤的「樓花」預售，有什麼地方要注意？

以我多年所見很多華人租了房子，不愁金錢或未須急於尋找工作就會心思思想買樓置業，但到底買「樓花」是不是一個好的選擇呢？

樓盤廣告一定是有讚無彈，所以必定要了解實際加拿大社會情況，事實上近年加拿大很多高科技公司北移令該地區樓價急升，為免樓市出現過熱情況，就如香港政府一樣使出「辣招」，政府與銀行合作收緊房貸，更會嚴格審查申請者收入來源。樓花由落訂至收樓一般需時數年，但往往在

收樓前，銀行臨時話買家收入條件未達標，從而逼使買家找按揭經紀（Mortgage Broker）的財務公司，捱高利息貸款。有的甚至會無奈被迫撻訂，間接地令本地人難以買樓

花置業「上車」。

對新移民來説是一個非常好的消息是銀行對新移民有五年收入豁免或一些批核上的寬待，且有時候會提供利率優惠，所以決心到加拿大要買樓「上車」的就別猶豫。不過有件事要顧慮是「爛尾樓」，一個香港已經消失了名詞，但加拿大確實會有這個風險存在，所以買樓要選擇大型發展商。

單單是2018年已經有12個住宅大廈形式（Apartment）樓盤爛尾，還有是興建於地鐵沿線的也難逃厄運。原因是銀

行唔借或最終不獲政府批準改變地土用途。（例如：安省是獲未批地已經可以銷售樓花），令買家損失慘重，所以近來反而是「二手樓市」，樓齡三年以下的樓盤相當受市場追捧，原因是比較有保障。

香港人可能會聯想到「炒賣」加拿大樓花會否有利可圖？大家可以打消這個念頭，近年加國政府打壓炒賣。炒樓花所得的利潤會當作商業稅，稅率極高「賺一元，上報一元」再抽稅，所以實質已無甚利潤可言。

港人移民加拿大住哪區最好？

九十年代香港移民潮，因樓價關係大量華人移民選擇了在多倫多（Toronto）北部地區 York Region 的萬錦市（Markham）及列治文山（Richmond Hill）兩大市鎮落戶。

轉眼間經過二十年發展，加上中國移民湧入。這些現在約三十萬人口的地區，已有三份之一人口為華人聚居。儼如香港殖民地，一個小香港。沿著市中心的大路 Hwy 7「七號公路」，直達市中心的 GO 火車站附近大興土木，建起了不少住宅大廈。若以香港的社區作比較，該區已成了一個沙田及尖沙咀，且有不少高科技公司進駐，提升地區人數質素，我個人認為是非常適合華人新移民展開新生活的好地方。

2018年11月萬錦市（Markham）市議會宣布經過長達十年的審議，終於通過一項名為 Markham North 的大型計劃，該地區將會興建幾三萬間房屋，將會成為一個新型小社區，市場經此「調節」，相信可以減輕樓價上升壓力。有打算移民及投資加拿大房地產的朋友請留意相關消息。

而且華人相對重視教育，令到York區幾間中學都成為星級名校，更加是安省十大中學之一，能夠入讀是對入具「名氣」的大學有絕對幫助，情況有如香港家長搬去九龍城住一樣，所以筆者特別推薦。

加拿大買車與香港大不同

車，對於生活在加拿大是不可缺少的一部份，所以探討完居住後就到「車」，在加拿大買車，有一方法叫做「先租後買 Lease」，為期三至五年。到期可將車輛「買斷」或將車輛交還，更加可以換新車。

另一方法就係「供車 Financing」，為期最長是七至十年不等。到底哪個方法較好？筆者不敢妄下判斷，但可以將個人經驗分享給大家參考。

首先要明白車行賺得最多的是售賣「二手車」，而二手車最大來源就是「先租後買」形式，車主換新車，將舊車交還。當車行翻新好二手車後再賣出，所賺得的就會可以100%「袋袋平安」，反而新車要同製造商總行分賬，所賺得的不太多。所以車行十分鼓勵顧客先租後買。筆者曾經有一架小型客貨車，保養維修費用都好合理，里數頗低，用先租後買形式，到差不多時候車行經紀極力推薦筆者換新車。

筆者初時本想全數買下舊車，所以拒絕。不過經紀多番遊説下，並且提出新車車價八折超級大優惠。當我應承買新車時，電話中經紀的笑聲至今仍記憶猶新。

而且現今汽車都每隔三至五年，就會有隱藏毛病就會跑出來，在加拿大而言維修費用都頗大。

若大家喜歡一次全數買下新車，當保養期過後，切記不要回車行維修。他們常常誇大車子毛病。反而要去物色一些小車房，定期換油就可以。平均一年預算加幣$1,000至$1,500維修費，就視車輛的牌子及型號而定。

假如不幸在加拿大駕車遇上「小車禍」觸及「小官非」Murphy's laws，基本上與香港差不多撞車後第一件事當然要保持冷靜，大家交換聯絡資料、車牌號碼、保險Policy Number等等。車禍較為嚴重就報案叫警察到場。加拿大警察部有一個地方叫做撞車中心（Collision Center），雙方去到後，將大家資料交給當值警員，填好表格後就會將案件編號給你，用作報保險之用，過程很快不用半小時。

加拿大的教育優劣親身體驗

香港好多家庭移民其中一個主要原因都是為子女將來，深深害怕「求學只為求分數」的香港填鴨式教育制度等等(下刪1,000字以下)，所以有意為子女在加拿大升學的家長，了解當地教育「程序」是非常重要，所以以下我都只是程序，並非學校推介，選校是個人的問題，每個家長也不同，亦相信大我家比我更「在行」，希望大家不要有誤會。

首先移民到埗後，必須有住址證明才可以去學校報名申請入學，通常報名最佳月份是6及7月份。因為方便教育局安排講座以及入學的程度考試。

大約每年八月中至九月初於開學前就會安排新移民學生考試，從而決定孩子的學術程度作為編班的參考，通常要花

兩至三小時，然後再安排家長參加簡介會，好讓家長及學生將來更容易適應新環境，然後與校內的教育顧問會面，有些會按日後理想的職業去選科目。

有一點要謹記的，香港與加拿大不同之處其中一點是並非要汰弱留強的精英制度，相反是著重基礎教育精神，即是以平等及會顧及「弱小」，而且好著重家長參與，並非要選拔精英。想要成為精英？是大學前，當來九班至十二班的時候才想吧！

所以順帶一提在學校的簡介會上，千萬不要成日將香港教育制度如何如何，國內教育制度如何如何，為何加拿大的教育制度如此「寬鬆」？這樣是對加拿大人來說是非常不禮貌。

不過新移民第一年「初到貴境」，無論學生英文程度有多好都必定會安排讀 ESL（English as Second Language）目的是令學生學會如何既英文達至一定的水平，不妨趁此機會適應一下新環境。若果真的嫌學習氣氛「太寬鬆」，可自行尋找補習班，當地亦有不少具特色的兒童學習中心。

然後要講的是新移民學生「頭號大敵」就是莎士比亞，就是必讀的！絕無「逃避」餘地。其實與在香港要讀中國古文差不多道理吧！但是都不用未讀先驚，因為網上有「莎士比亞全集」及導讀及分析，建議可以到台灣世界書局網上書店訂購全中文版莎士比亞逐本任君選擇，若然對自己的英文程度未有足夠信心，建議先從中文版入手會比較好。

想事半功倍？可以到英文書局尋找莎士比亞解讀本問答題參考 Coles Notes，大家可以留意一下。

加拿大的醫療真相

加拿大醫療系統與香港模式相近似。最前線為一般私人開設的家庭醫生，如有需要會轉介到相關專科。加拿大醫療費用是由政府全數支付，但藥費由市民自行支付。牙科與眼科則政府提供相關的醫療保障。如果在大型公司或機構工作會有相關的醫療津貼，但因近年家庭醫生嚴重不足，醫生會拒絕接收「新症」，香港人應該會覺得這種做法是「難以理解」。唯有去一些所謂Walk in Clinic「求救」，不過分分鐘要等很久也說不定。

筆者亦聽過不少香港人說，在香港不敢生小孩，移民來到加拿大穩定下來就會想生小孩子。在此可以給大家一些「實地」的經驗，孕婦如果想要求指定的「婦科醫生」，實際上可以向家庭醫生直接提出，秘訣就是願意多付數百元的轉介費就可以。

多倫多「最好」的婦科醫院是 North York Hospital，兒科是 Sick Kid Hospital，心臟科是 Centennial Hospital。生孩子後可以問政府取回 Employment Insurance 勞工保險的供款。另一方面就如香港的報章上所提及過，分娩假期間政府每月按公民收入50%為補助額，最高上限為$1,800加元左右，聽起來好像很不錯，香港傳媒亦過份地「美化」這個「福利」。在加拿大而言，這個數目以大城市生活來說其實是不足夠的。而且有機會被政府並無任何原因下延遲發放，年尾這一筆資助都需要交稅，所以並非如此令人羨慕。

實戰！生活開支大檢閱

移民絕對是人生一個重大決定。一切要重新開始，除非您身家豐厚可以「食過世」，否則就要計算好是否能夠能應該

到生活，否則就會過得很苦。

講解過好多加拿大生活層面技術，現在要講真正要面對
「真實」生活，加拿大有一個外號叫「艱難大」，原因不單
「稅重」，收入至少被政府扣起33%稅 (當中包括入息稅、
全民退休金CPP、勞工保及保險EI)，即是月入$10,000，
實際能夠可以使用只有$6,700。

城市生活物價重，且有「間接稅」，以安省為例，稅率為
13%。即是去油站買一罐可樂價值$1元，但要付$1.13元。
香港人一般來到會覺得十分不習慣，而安省最低工資是每
小時14元，若然好彩有份高時薪$28或夫婦同上班，到底
夠不夠生活？

若以每人時薪$28計算，每年收入是$58,240。首先先扣

33%為不同稅項，即是實際每年淨收入為$39,202.8。每個月$3,251。

一般家庭「正正常常」開銷如下（以多倫多為基準）：
住屋開支，單位估值約70至80萬的住宅單位。地稅每月$600，假如是高級大廈，700平方呎，管理費加地稅亦都是差不多，若舊式住宅會包水及電費，你可能過$1,000。

至於車方面供車多數是$0首期，普通一架豐田 Corolla 每月供近$300至$400，視乎我有否大平賣而定。車輛保險方面按駕車經驗及年齡計算，25歲以下保費特高$100至$300（每月）之間。

食水，四人家庭，每月$40至$100（視乎住宅大小）；電費方面平均每月$50至$100；天然氣就亦都視乎居所大小及

季節，大約每月 $50 至 $120。

另外住屋是須要買保險，保額介乎於 $20 至 $50。每月伙食開支買外賣計算，三餸一湯平均一個月約 $900（視地區而定），自己煮三餐，一家四口每月約 $480 便可以了。

燃油費，以一架普通的 Toyota Collora 每天開 60 公里計算，一個月約 $160。

還有是供車、家居寬頻、手提電話月費，加起來約 $1,600 至 $1,900。以上基本開支所以七除八扣之後，可謂「捉襟見肘」。

因此不要過份理想化移民加拿大之後的生活（除非你身家豐厚），不少人要做兩份工作，又或者是夫婦都要全

職工作，為求令生活更安穩。如平均家庭每年收入不到 $80,000，就會經常「呻窮」。

不過加拿大是一個著重平等的社會，很難聽到「白領人士就是上等人」的港式怪論。肯捱肯做勞工階層的工種，必定「搵到食」。例如考到政府認可的水電工牌時薪 $60，有裝修師傅年薪 $20 萬以上。

認識有人做鐘點女傭時薪 $20，重點是「現金支薪」（別問我什麼意思，提示與稅務問題有關），勤勤力力，現在已經有數個物業在手。

不然就算做快遞員，UPS 都有近時薪 $30，郵差時薪 $28。每年聖誕加班額外招聘人手，請人每日超時工作，勤力的話可有年薪 8 萬以上。

更有人會去做商場保安員，獲得一年相關經驗之後去投考警察或做交通抄牌官，兩者的起薪都相當不俗。

重點是基本上有「公會」的行業都「不會輸」的。

以上所講的都是「普通人」的出路，若然是專業人士，請恕筆者未能有關資料提供，但我相信必定不愁出路的。

總結一下筆者對加拿大住上二十多年的感受與體會，至今最不習慣仍然是冬天嚴寒的「天氣」，其次就是「高稅率」，但當身體出現毛病的時候，相對起香港我深信加拿大的醫療系統一定會幫到你。「老有所依，少有所養」這是中國人心目中理想社會模式，加拿大基本上是做得到的。這裡的生活是平淡，所以有一句「加拿大生活容易發達難」，若然係甘心願意放下追名逐利的心態就能夠適應得到，就可以好好欣賞同感受這個地方，這個國家。

2.5 馬來近 在馬來西亞

大家好我是馬來近，一個土生土長的大馬華人，祖籍上三代已經於馬來西亞落地生根，祖籍廣東省。始於2014年至開始收聽網路電台節目，可算是「芒向報」編輯部眾多位主持當中對香港了解最淺的一位。自覺認知不足，不敢妄加太多評論。於是網名自稱馬來近，借用香港「著名」網台主持有「講兩句」之稱的「阿靳」靳民知。

後來經Tony Choi介紹加入facebook專頁「芒向報」成為編輯部成位當中一員。可以經常與

各位來自世界各地的主持討論時事及經濟話題。直到2017年正式開始錄製 YouTube 節目。

揭露馬來西亞「第二家園計劃」 MMH2 的隱藏危機

馬來西亞「第二家園計劃」經過香港某位網台主持介紹及大量香港城中名人，為馬來西亞樓盤講座大力宣傳後廣為香港人所知，但美侖美奐的花園洋房、藍天白雲、海闊天空，塑造出香港人夢幻一般的家園，到底第二家園計劃背後其中隱藏什麼潛在問題呢？忽略了的話或者是可大可少。結終是飄洋過海來到一個陌生地方展開新生活。

敢於在揭露當中問題我相信是「芒向編輯部」！其中首要問題是透過購買房產，而獲得「居住證」並非永久，更加不是可以得到馬來西亞的國民身份。換言之並非一個真真正正的投資移民計劃，只可算是一個特長版本的居留計劃。這代表什麼呢？即是有機會隨著國家政權更替此項政策本身會因而變化，當中是好是壞難以預料。

舉例説，於2018年10月1日大馬政府內閣會議決定暫時凍結批准簽發第二家園計劃的申請，更甚是沒有透露「凍結」的期限及原因，馬上令正在申請進行中，甚至已經安排好一家大小移居到馬來西亞的人處境變得進退維谷，對於原因立時變的謠言滿天飛，綜合來説是在於對獲得「第二家園」居留人士權限會作出調整，至於幅度有多大？當然不會有所證實。

該項計劃前景的不穩定因素籠罩下，對於打算投資或計劃申請「第二家園」計劃人士請三思，絕對不宜只盲目相信坊間的宣傳，不宜倉促決定。

拆解投資馬來西亞物業潛在風險因素

樓宇展銷會必定是大力推銷物業升值潛力前景如何驚人，國家或地區發展藍圖如何吸引等等。隱憂當然是拋諸腦後。

新政府上任後，亦即是本人執筆之時已經有兩大隱憂爆發，令樓市面臨重大考驗。

隱憂一：新任首相敦馬宣布取消價值1,100億馬幣的基建計劃，其中以「馬新高鐵」計劃（馬來西亞及新加坡）作賣點的房產項目馬上失去市場吸引力，亦由氣氛熾熱變為急促冷卻。幸好後來再與新加坡磋商，並雙方達成協議，發展計劃順延至2020年才開始動工，所以投資者不妨稍作觀望或者等一下政府會否為計劃再作補充後再作打算。

隱憂二：新任首相敦馬亦批評由中資企業碧桂園於新山的柔佛州，斥資1,000億美元建造的「森林城市」項目售價過高，實際上當地沒有那麼多有錢人去買，即是銷售對象並非馬來西亞國內人，結果最終是引來大量的外國人，間接存在令國民減低經濟競爭力的風險，因此公開表明「不會」發出永久居留權給予購買房屋者。

雖然政府目前還未就此安排有最終方案，但發展商碧桂園也已經單方面「否認」投資該項目能夠獲簽發永久居留證，但由此可見新任政府未來並不會迎來更多的中國投資者，而香港及海外賣家也開始擔心「第二家園計劃」會否生變，對於會否移居馬來西亞短期內先採取觀望態度。

事實上缺乏大量來自中國的投資者購買因素下，有機會出現「供過於求」的情況，所以物業升值預期一定會受到很大程度影響。

其他因素方面有些是不可不知的，因為絕對會影響日後所投資的物業價值，簡單來說即是「蝕錢」。

購買郊區的投資者必須留意，由於馬來西亞是一個世俗回教國家，每當某一個地區回教徒居民到達一定人數後，就

會在附近建立回教堂或祈禱所。

而根據回教教義，回教堂或祈禱所每天均會有「五次」廣播祈禱經文（每次大約數分鐘），如非回教徒有可能會覺得這種聲響會令人相當困擾，因此該區其後售賣物業對象也會限制給回教徒買家才會有「興趣」。因為根據我的認知非教徒較少選擇有回教堂的住宅。

反之在「已開發」的地區或城市則沒有這個問題，因為會集中去現有的回教堂祈禱，所以當大家見到什麼以「新發展區」或「未來核心地段」的馬來西產物業投資廣告作招來，大家就要打醒十二分精神了。

馬來西亞最值得物業投資地區是……？

如果以香港人角度來看，我個人認為應該選擇大馬較多華人聚居的地區，如首都吉隆坡市區，或檳城州市區，因為以上兩個地區有齊全的城市級配套，例如：公共交通、醫療、學校及購物中心等等，全都屬於理想投資地區，有升值潛力之餘「防守」抗跌能力也相對高。

當然想要高尚地段或有休閒寫意生活的話，可選擇以高爾夫俱樂部概念的獨立屋，至於價錢方面是豐儉由人。

旅遊以外，真實的馬來西亞生活揭秘

馬來西亞是一個崇尚多元種族文化的社會，並非如香港般崇尚「言論自由」，所以有一些議題如馬來人特權，其他少數民族的風俗習慣、有關馬拉皇室、宗教等等，全部皆屬「敏感」話題，不可隨便發表批評言論，而如何界定是干犯「批評」？就當然是由「官方」去裁定，因為於當地立場是「必須顧及他人或族人感受」，否則會惹來官非及不必要的「麻煩」。

如何融入馬來西亞社會

要融入馬來西亞社會首要條件是學會官方語言「馬來文」，絕不是一般「推銷員」所說懂國語及英文就可以。否則在日

常生活和到不同政府部門時，才不會導致語言上的溝通問題。

說到底大至洽淡談生意，或小至到餐廳用膳都必定會用到。雖然城市地區政府大部分巫裔都會講英語，但是如果可以講得流利馬來語溝通方面必定「得心應手」及「暢通無阻」。大家能夠同聲同氣也有助增進融入當地生活圈子。

除了大馬半島及中部地區，如吉隆坡和周邊地區都是以粵語溝通，而南北馬是以福建語溝通，如懂得華語（即普通話），語言上就可以「通行無阻」。

馬拉生活上與回教徒也有不少宗教上忌諱要注意。例如不可請他們吃豬肉和喝酒。「齋戒月」甚至不可邀請共食等等，這就可以要避免引起不必要的誤會。

分析馬來西亞教育問題

看過不少香港傳媒都不時提及到大馬教育很好，國際學校費用較香港便宜，學生愉快樂習沒有讀書壓力，甚至有移民公司及海外物業銷售公司以此作為「賣點」之一，但實際又是否如此美滿呢？或者等我為大家來一個最「地道」的分析吧！馬來西亞的學校是分為「政府」和「私人」開辦。

1. 政府學校：分為華文和國文（馬來文）學校，顧名思義華文學校是使用華文教學。要留意的是進入國文學校讀書的學生並不會學習華文，即是雖然身為華人但並不會書寫或講華語，會被當地人視之為對中華文化一無所知。由於獨特的多元社會環境，華人子弟可以掌握更多語言，有助在工作方面發揮優勢，尤其要與中國公司溝通的公司就更佔盡優勢。

2. 私立學校：分別有華文私立中學及國際學校，顧名思義兩者都是非政府津貼及開辦，屬於付費學府，所以各有不同的「賣點」已確保在市場上的競爭力，所以要慢慢細心了解，相信好多香港比我更了解馬來西亞有哪些國際學校及每間的優勢。

不過有一點是必定要留意的！聽起來好像有點奇怪，在私立學校畢業所頒授的文憑，皆不獲大馬政府各個部門承認。

我看港人移居馬來西亞實況

華文社區生活一般在馬來西亞中部地區，例如吉隆坡周邊華人大多都會廣東話，而在北部地區如檳城或南部的柔佛

就以普通話及福建話溝通。而當地土生土長的華人大多數
都是熱情友善，社區生活互動良好，所以香港人不愁來到
會失去「同聲同氣」的社區生活呢！

我覺得馬來西亞是個好地方，天然資源豐富，例如：石
油、橡膠、棕油，還有風靡全球食家的貓山王榴槤，而且
也沒有受到自然災害困擾，例如：地震或火山爆發。人民

可以安居樂業，目前新政府致力肅貪倡廉，令行政管理更有效率，國力有望進一步提升。

另外，令我喜歡這國家的是有三大種族多元文化，大家可以互相學習彼此優點和語言。豐富了人文面貌，另一個好處是公共假期也特別多呢！

當然馬來西亞也有我不喜歡的地方，就是有一些宗教極端分子經常挑起種族問題（因為半島的馬來人多數是回教徒），他們極力要以抵觸宗教教義來限制他族的自由。例如不能公開慶祝啤酒節，電影海報不能出現豬隻，這等反智言論，實有違反互相尊重的原則。不過值得欣賞的是各族仍然盡力保持友好忍讓，努力將衝突化解，團結一致。

最後，假如想移民過來定居，你首先要問自己是否接受到馬來西亞社會是有「巫裔優先」的特權，例如銀行借貸、國

立大學學額、房屋保留單位等等。如果不能接受這個不公平的限制，則要出國另謀出路。

還有大馬是言論自由是遠不及香港的，發布任何批評大馬皇室、宗教和種族關係的言論，將會受到法律制裁。

我和芒向編輯部其他主持不同，並非香港人移民外地，而是土生土長大馬人，因此並不了解香港社會生活情況如何，但我都到過香港旅遊很多次。可以説的是大馬的社區生活比起香港會更休閒，尤其是大城市以外的地區。大馬數個城市如檳城、怡保都曾被譽為理想的退休城市。

當地華人大都友善好客，而吉隆坡的華人很多都會説廣東話，港人當地生活，溝通上應該沒有問題的，如果懂得普通話那就會更容易融入生活。

2.6 許留山 在台灣

我移民到台灣居住的日子不算是太長，但就花了很漫長的時間做資料搜集，及思前想後將來移民的各種會有可能遇到的問題，畢竟移民是人生一件大事，不單是個人問題，還要顧及下一代。

但是就算如何周詳的計劃，某程度上都是紙上談兵，當去到現實就難免會碰釘，不過有計劃總比沒有的好。至少可以將問題帶來的影響減到最少。移民台灣的方法及程序，大家在網上搜尋其實不難找到相關資料。因此希望可以在

此分享一下容易被忽略的問題或一些個人心得。

好多人問我：為什麼要離開香港？我對於香港的前途問題，在中國高速發展下，國際金融城市光環似乎逐漸減淡。人口老化、新移民問題令社會結構改變、城市產業單調、教育制度、中港問題政治化等等，各種因素下令我萌生去意。可能你會說要數台灣本身有的問題也會有很多。

對！要數台灣本身的問題也可以說三日三夜以上，其實世界沒有一個地方是天堂。蘇東坡的名句：「此心安處是吾鄉」，每個人追求的生活各有不同，而且最令我想離開的是因為香港教育制度及下一代的成長環境。來到台灣後很感恩，確實沒有選擇錯誤。希望的心得可以幫到大家更了解港人如何移民台灣。

移民台灣的最佳方法

要移民台灣，除了「依親」方式之外，其他都是牽涉錢及做生意。以我所知所見，最合理及最可行的移民方法是以600萬新台幣資本額申請「投資移民」。

因為其他的例如要公司營業額達標才可以繼續居留，再要到一定的年期才可以正式成為「台灣人」。自問沒有這種本事，要去到一個新地方，單是要習慣新生活都要花點時間，還要由零開始經營生意，不同的社會營商環境，還要是有「亮麗」的營業額。單是想想已經一額汗。

當然會有港人在台灣營商成功的例子，但假如希望來到台灣享受退休生活的人士，還是以「投資移民」方式比較好。老實說如果資金有限，勉強符合要求，而一心打算來台灣

試一試創業的人士，我認真的說，請要慎重考慮清楚，否則賠上了金錢而又白白辛苦了一場。

對台灣的教育的親身感受

學制方面其實與香港是一樣的，即是三年幼稚園、六年小學，接著中學到大學的334。幼稚園基本上兩地的分別不太大，環境及教學質素與學費成正比。師生比例較香港優勝的關係，老師就有更多機會從微細處留意到每個學生的問題，畢竟幼稚園學生年紀還少，不懂得表達。這方面確實令家長感到很貼心，而且自由度較大，學生讓我感到是很好動活潑的。

不用學生十項全能成績驕人，讓孩子四處奔跑，自我探

索，學會建立自己的生活人際圈子是台灣教育的一大特色。

來到小學，於我以言是孩成長最重要的六年。相信大家有聽過孟母三遷的故事，所以孩子成長的環境很重要。香港的教育水平其實是相當好，可惜種種原因導致教育制度上未能做到因材施教。畢竟每個人的看法也不同，在此也不花太多篇幅。

台灣的小學主要分為國立及私立。國立小學顧名思義是由政府開辦，學校位於越繁華地段相對名氣也較大，與香港不同的是就算是「明星國小」都是不用入學面試，只要是住址是學校所屬區份就可以申請。如果人數太多，會被安排到同區的其他國小就讀。

由於「小子化」問題，台灣的國立小學每間也努力建立有各自的教學特色，課程根據教育局範圍以外彈性加入一些有趣課題，所以有志移民的家長應該先選定心儀學校，才決定居住地區。功課及學習方面壓力是與香港有好大分別，空閒時間多了是好是壞在乎家長與孩子如何運用空閒時間，我個人認為就可以有時間去讓孩子發掘去探索知識及身邊的事物，不用「等」學校去「餵」知識給你。

如果是私立學校，台灣學校對比香港確實是選擇多元化很多，對！重點就是在於「選擇」，在台灣除了主流課程的私立小學外，更有藝術學校、實驗式小學、華德福學校、森林學校、中英雙語學校，當然亦有國際學校等等。

家長可以根據孩子個人發展及獨特性而選擇不同類型的學校。大家亦可以放心私立小學學位不像香港直資及私立小

學競爭如此激烈。我親身經驗是到學校參觀後問及入學面試安排，老師告訴我是沒有面試這回事，他們會稱為面談，因為不希望為學生帶來壓力。

而面談日其實也有類似試卷的東西，問題是如下：
你喜歡　I like _____
你討厭　I hate _____

亦會叫你畫出你喜歡的東西等等。

以上問題都預留充足的位置讓學生盡情發揮，由此可見校方目的不是要知道學生的「知料庫」有多豐富，旨在了解學生個人思路、性格、個人喜惡等等。

就以實驗小學為例，學校是以「因材施教」的方式，因應

學習進度加插不同有趣課題。而且對比起香港，台灣學校「自由度」比較大，很少需要到「排隊」或「集隊」，台灣私立學校就更加連校服也可以自由配搭。

最令我「震驚」的是，原來私立學校學生也要替學校打掃地方。假如香港出現如此情況，我可以保證這間學校一定會被「怪獸家長」轟炸到倒閉，及勢必被全港家長列入「黑名單」。

港人移民台灣最易墮入的陷阱

上網可以找到投資移民台灣的資料有如天上繁星，五花百門，各施各法，不論這些「成功個案」如何。在此都懇情大家以合法方式及正確手法去申請。試舉個例子，有些網紅

説不用找移民公司代辦手續，找當地的會計公司可以一手包辦。其實根據台灣法例，這樣是犯法的，會計公司不可涉及移民公司業務範疇，因為要保障兩方面的營商環境。

此外，更有人說開設一個網上商店，再叫朋友幫忙購買就可以成功。更甚者自行開納一些發票等等，製造出有生意來往的假交易。前者台灣移民署是會花時間去研究是否認真地去經營，所以有機會要求申請人繼續營業一段時期有待觀察，後者則是犯法行為。

有人可能真是可以僥倖過關獲得台灣身份證，但是會有長達五年的追溯期去要求交出相關公司交易及細節。細節意思是微細到與客戶電郵，手機留言對話記錄，合作事項文件往來等等。

實地感受港人台灣生活

好多人會說香港購物很方便，吃喝玩樂，應有盡有，這些都是世界公認的。台灣面積是香港大約十三倍，而人口是香港的三倍，以人口密度計算是難以如香港一樣去開發及高密度式規劃城市化，以台灣來說都是集中在市區較為商店林立。同香港一樣會有超級市場及便利店，更有一種叫「大賣場」，大的意思指場地很大，物品種類由蔬果、肉食、熟食、以至傢私、大型電器，甚至是電單車均有發售。法國品牌「家樂福」就是台灣其中一家大賣場，所以居住於附近的話，生活基本上可以說是一應俱全。

不過可以放心，台灣網購發展及普及程度是非常成熟，除大型購物網站以外，甚至是農產品都可以網購新鮮直送到府上，所以住宅大廈的管理員好多時很忙碌幫住戶登記收

貨。對於我初到台灣時也感到大開眼界。

另外，不得不提是台灣仍然保留著一些傳統的菜市場，這在香港已是「買少見少」的地方。為何有舒適寬趟光潔明亮的超市你不去，反而走到菜市場呢？原因是不單止價錢較便宜，其實是因為「新鮮」。正所謂雞有雞味，菜有菜味就可以此中尋。可以分享一次個人經歷是在菜市場買了一條大約港幣 $4 元左右的粟米回家吃。看起來平平無奇，咬一口簡直是驚為天人，粟米粒飽滿且水份充足，粟米粒爆開清甜爽口，真的令我一試難忘。

移民台灣住屋方面問題你要知

移民來講居住方面絕對最令人頭痛及非常緊張。首先人生路不熟，手續及程序上與香港都有所不同。

住屋的種類資料等等，隨便上網也可以找到，我也不想多重覆，反而要講出要注意的重點才是更實際。這才是閣上手上這本書最值得花錢買的原因。

1. 地點：避免所謂的新發展區，好可能到時候入住才發覺一座現代化新穎的住宅旁邊，四周依然是了無人煙，到時候可能連買一罐可樂都是大問題。擬定好生活區份之後要

實地考察，親身感受一下該地段的生活環境。因為地方太大的關係，舉例說台中市的南屯區，有些範圍可能你住上十年、二十年也不會無緣無故走過去行一下，所以東南西北各區也有不同之處，社區的氣氛也不大同，所以不可以偷懶單靠 google map 就算吧。

由此，各位想移民台灣的朋友真的不用急著去買樓有自己的家，花數年時間先認識一下那個地方才是切合自己的生活方式。

2. 地產經紀：與香港大不同，首先睇二手樓是不用「睇樓紙」這回事，亦不用登記個人資料。如果以保障個人安全，還是多找朋友幫忙一同去參觀比較好。與香港一大別是好多時都會請地產經紀要求叫業主「減價」。在台灣，地產經紀會要求你先付上一個金額的數目叫作「斡旋金」，以

作為向業主顯示自己的「誠意」。斡旋金收據上會清楚列明你要求的價格及條件等等，如未能達成交易，地產經紀將會全數退回給你的。

3. 兩地文化不同：台灣的地產經紀不會經常致電給你再多作推銷，所以不用怕被地產經紀「纏擾」。

4. 不用看香港地產經銷商推介的樓盤，十居其九是不受台灣當地人歡迎的樓盤。星期六及日只要買一份台灣當地「生果」報紙就可以看到「正常」的樓盤。大家亦可以放心，台灣的新樓盤不會好像香港一般地產經紀有如餓狼一樣，視樓盤展銷會場地四周的路人如兔子一樣，準備隨時撲出去將兔子噬咬至死。

最貼地的台灣生活開支預算

生活開支方面，水、電費確實比香港平宜很多，其他開支上只要不是外國進口貨，大多數東西都會是價廉物美。至於「食」方面，很多香港人習慣到連鎖式集團食店光顧為主。因為地方較為整潔，食物及服務水準較有保證等等。

假如你來到台灣生活就會漸漸傾向於光顧小店為主，以我觀察是小店競爭大，生意求生存，並非好像香港要靠鬥平價或者延長營業時間，反而是鬥創意、質素及自家特色風味，一些對手難以複製的方法。

此外當然店員的服務態度都是重點之一，以我個人經驗來說大多數食店的服務員態度都相當好的。

可能你會見過很多有關於港人移民台灣創業的報導，看起來似是很美好的新生活，但我可以老實的告訴你，這些故事其實只是前半段，後半段很多都是結業收場，或者轉到做其他工作。到台灣創業困難程度可以說比香港更難，始終文化及生活習慣不同，大家千萬不要太理想化。守得住，你就是贏家。

畢竟每個人想法也不同，希望有一天在你台灣移民後，有緣碰個面吧！祝大家有愉快美滿的生活！

香港樓本位 x 世代移民潮

作　　者：Tony Choi、Johnny Fok 及芒向編輯部主持 聯合編著
責任編輯：吳淑貞
封面設計：芒向編輯部
製　　作：傑拉德有限公司及米蘇度創作有限公司
編　　審：剛田武及 Ewha
版面設計：陳沬
出　　版：A Money 優財
電　　郵：big4media@yahoo.com.hk
發　　行：香港聯合書刊物流有限公司
　　　　　地址：香港新界大埔汀麗路 36 號中華商務印刷大廈 3 樓
　　　　　電話 (852) 2150 2100
　　　　　傳真 (852) 2407 3062
初版日期：2019 年 6 月
定　　價：HK$88
國際書號：978-988-14283-8-7
台灣總經銷：貿騰發賣股份有限公司
　　　　　電話：（02）8227 5988

網上購買 請登入**超閱網網上書店**網址或掃瞄以下QR Code

 http://www.superbookcity.com/catalogsearch/advanced/result/?book_publisher=A%20Money